数学大师的逻辑课

亚历山大的
读心术

脑洞大开的逻辑魔法

[美] 雷蒙德·M. 斯穆里安　著

涂泓　译

冯承天　校译

 上海科技教育出版社

图书在版编目(CIP)数据

亚历山大的读心术:脑洞大开的逻辑魔法/(美)雷蒙德·M.斯穆里安著;涂泓译. —上海:上海科技教育出版社,2024.4

(数学大师的逻辑课)

书名原文:Satan、Cantor & Infinity——Mind-Boggling Puzzles

ISBN 978-7-5428-8042-0

Ⅰ.亚… Ⅱ.①雷… ②涂… Ⅲ.①逻辑思维 – 通俗读物 Ⅳ.①B804.1-49

中国国家版本馆CIP数据核字(2023)第236758号

责任编辑 程着
封面设计 李梦雪

数学大师的逻辑课

亚历山大的读心术
——脑洞大开的逻辑魔法

[美]雷蒙德·M.斯穆里安(Raymond M. Smullyan) 著
涂泓 译 冯承天 译校

出版发行 上海科技教育出版社有限公司
(上海市闵行区号景路159弄A座8楼 邮政编码201101)

网 址	www.sste.com www.ewen.co
经 销	各地新华书店
印 刷	上海商务联西印刷有限公司
开 本	720×1000 1/16
印 张	15
版 次	2024年4月第1版
印 次	2024年4月第1次印刷
书 号	ISBN 978-7-5428-8042-0/O·1195
图 字	09-2021-0929号
定 价	48.00元

前　言

　　几乎没有什么能像**无限**那样激起人们的想象力！它具有各种各样的奇异特性，这些特性乍一看似乎是自相矛盾的，但随后又会发现另有玄机。正因如此，它常常为益智趣题书籍提供了理想材料。

　　和我之前的那些益智趣题书一样，本书也是从关于说真话者和撒谎者（"骑士"和"无赖"）的一些谜题开始的，只不过它们是新编的。与之前不同的是，我增加了一个引人注目的角色，他被称为巫师。他周围的人都认为他是一位魔法师，但实际上他是一位逻辑学家，他巧妙地运用逻辑，在不知情的人看来就像在施魔法。他多次展示他的"逻辑魔法"，护送我们经历了许多不寻常的冒险，其中包括参观了一个岛屿，那里的智能机器人造出其他机器人，并赋予它们足够的智能来造出更多的智能机器人，周而复始，永无穷尽。然后，在论述了一些与哥德尔①的那条著名定理相关的特殊谜题和一些关于概率、时间和变化的奇怪悖论之后，巫师带着我们参观了无限之域，解释了伟大数学家康托尔②的开创性发现，康托尔是第一个使无限在逻辑上有了一个坚实基础的人。巫师以他典型的幽默风格结尾讲述了撒旦本人如何

---

① 库尔特·哥德尔（Kurt Gödel, 1906—1978），数学家、逻辑学家和哲学家，最大的贡献是哥德尔不完备定理和连续统假设的相对协调性证明。——译注

② 格奥尔格·康托尔（Georg Cantor, 1845—1918），德国数学家，集合论的创始人。——译注

被康托尔的一个聪明学生智胜的故事，从而用一种令人愉快的方式结束了这一课题。

严肃地说，公众对无限这整个引人入胜的主题知之甚少，实在不可思议！为什么高中不教授这个主题？它并不比代数或几何更难理解，而且学习它会带来大益处！本书的最后几章对这一主题进行了引人入胜（且简单）的介绍。即使是初学者也能理解无限的本质（这是康托尔的惊人贡献），并了解一个可能是有史以来最伟大的数学问题的阐述——这个问题直到今天仍未解决！

◆ 写给读者的话

本书的几个部分不必按它们编排的顺序来阅读。比如说，主要对无限感兴趣的读者可以完全不管本书的其余部分，而去阅读本书的第六部分和第七部分。第三部分和第四部分同样构成一个单独的单元，还有第一部分、第二部分和第五部分都可以各自独立地阅读。

如果读者从后面几章开始阅读，需要知道本书主角是巫师和他的两个学生安娜贝尔（Annabelle）和亚历山大（Alexander）。

Contents

目　　录

第一部分

逻 辑 巫 术

谎 言 侦 探

　　一位名叫阿伯克龙比(Abercrombie)的人类学家带着一种他从未感到过的强烈恐惧踏上了骑士与无赖之岛。他知道这个岛上居住着那些十分难以理解的人：只说真话的骑士和只说假话的无赖。阿伯克龙比想："如果我分辨不出谁在撒谎，谁在说真话，那我怎么能对这个岛有任何了解呢？"

　　阿伯克龙比知道，他必须先交一个朋友，一个他可以始终相信会对他说真话的人，然后才有可能查明一些事情。因此，当阿伯克龙比遇到第一群当地人时，他心想，"我为自己找到一位骑士的机会来了。"这群人共有三位，我们假设他们的名字是亚瑟(Arthur)、伯纳德(Bernard)和查尔斯(Charles)。阿伯克龙比首先问亚瑟："伯纳德和查尔斯都是骑士吗？"亚瑟回答："是的。"阿伯克龙比接着又问："伯纳德是骑士吗？"令他大吃一惊的是，亚瑟回答："不是。"那么，查尔斯是骑士还是无赖？

　　阿伯克龙比知道，他必须首先确定亚瑟和伯纳德是哪一类人(是骑士还是无赖)。亚瑟显然是无赖，因为没有骑士会声称伯纳德和查尔斯都是骑士而又否认伯纳德是骑士。因此，亚瑟的两次回答都是在撒谎。由于他否认伯纳德是骑士，因此伯纳德实际上就是骑士。由于他肯定伯纳德和查尔斯都是骑士，因此他们就不会都是骑士，他们之中至少有一人必定是无赖。但伯纳德不是无赖(我们已经证明了这一点)，因此，查尔斯就必定是无赖。

然后,这3个人中,阿伯克龙比确信是骑士的那位告诉他,这个岛上有一位巫师。

"哦,很好!"阿伯克龙比喊道,"我们人类学家对巫师、巫医、术士、萨满之类的人特别感兴趣。我在哪里可以找到他?"

"你必须去问国王。"那人回答说。

好吧,人类学家想办法得到了一次国王的接见,并告诉国王他希望见见那位巫师。

"哦,你不能那样做,"国王说,"除非你先见到他的徒弟。如果巫师的徒弟认可你,他就会让你去见他的师父;如果他不认可你,那么他就不会让你见到巫师。"

"巫师有一个徒弟?"人类学家问道。

"他当然有!"国王回答,"有一首关于他的著名乐曲——我相信作曲者是杜卡斯①。不管怎样,如果你想见见巫师的徒弟,他现在正在自己家里,他家是棕榈街的第3栋房子。此刻他正在招待两位客人。如果你到了以后能推断出这3人之中哪一个是巫师的徒弟,我相信他会对你留下深刻的印象,那样他就会允许你去见巫师的。祝你好运!"

人类学家走了不多远,就到了那栋房子。他进去的时候,果然看到了3个人在场。

"你们哪一位是巫师的徒弟?"阿伯克龙比问道。

"我是。"其中一人回答。

"我才是巫师的徒弟!"第二个人大声说道。

但第三个人却保持沉默。

"你能告诉我些什么吗?"阿伯克龙比问道。

---

① 保罗·杜卡斯(Paul Dukas,1865—1935),法国作曲家、音乐评论家,其代表作是创作于1897年的交响诗《魔法师的弟子》(The Sorcerer's Apprentice)。迪斯尼1940年的《幻想曲》(Fantasia)和2000年的《幻想曲2000》(Fantasia 2000)以米老鼠为主角演绎了这部作品。——译注

"这很有趣，"第三个人带着狡黠的微笑回答道，"我们 3 个人之中，最多只有一个人说真话！"

由这番对话能推断出这 3 人中哪一个是巫师的徒弟吗？

人类学家是这样推理的：如果第三个人是无赖，那么他的话就是假的，这意味着他们中至少有两个是骑士。但是前两位不可能都是骑士，因为他们说的话是相互冲突的。所以第三个人不可能是无赖，他一定是骑士。这意味着他说的话是真的：他是在场的人中唯一的骑士。由于另外两个是无赖，他们说的都是假话，因此他们都不是巫师的徒弟。因此，巫师的徒弟必定是那第三个人。

巫师的徒弟对阿伯克龙比的推理感到很满意，因此告诉他，他可以去见巫师。

"他现在正在塔楼上，与岛上的占星师商谈，"学徒说，"如果你愿意，可以上去与他们面谈，但进去之前请先敲门。"

人类学家上楼，敲了敲门，有人叫他进去。他进去后看到了两个非常奇怪的人，一个戴着绿色的圆锥形帽子，另一个戴着蓝色的圆锥形帽子。他无法从外表分辨出哪一位是占星师，哪一位是巫师。他在介绍完自己后问道："巫师是一位骑士吗？"戴蓝色帽子的人回答了这个问题（他给出了肯定或否定的回答），于是人类学家就能够推断出哪一位是巫师了。那么，哪一位是巫师？

这道谜题的类型与前两道有很大的不同：这是一道元谜题（metapuzzle），因为读者得到的不是谜题，而是关于解谜过程的信息。换言之，这段文字并没有告诉读者那个戴蓝色帽子的人给出了什么答案。不过，读者被告知了，人类学家在得到答案之后就可以解答这道谜题了，而正是这一信息至关重要。

让我们看看这类谜题的解答过程是怎样的：假设戴蓝色帽子的人给出了肯定的回答，那么人类学家能知道哪一位是巫师吗？当然不能。回答者可能是一位骑士，在这种情况下，我们能得出的只有巫师是骑士这一结论。

但这两人可能都是骑士,而且其中任何一个都可能是巫师。或者,回答者也可能是一个无赖,在这种情况下,巫师就是一个无赖,并且可能是两者中的任何一个(据人类学家所能知道的)。因此如果回答是肯定的,那么人类学家就无法推断出哪一位是巫师。但是上述告诉我们人类学家确实推断出了哪一位是巫师,因此他得到的回答一定是否定的。

现在我们知道说话者(戴蓝色帽子的人)给出了否定的回答。如果说话者是一位骑士,那么他的回答就是真的,因此巫师就不是一位骑士。而既然说话者是一位骑士,那么他就不是巫师。另一方面,如果说话者是一个无赖,那么他的回答就是谎言,而这就意味着巫师必定是一位骑士。因此,说话者也不可能是巫师。这证明了无论这个回答是真话还是谎言,否定的回答都表明说话者不是巫师。所以戴蓝色帽子的人一定是占星师,而戴绿色帽子的人一定是巫师。

总之,如果回答是否定的,就说明了戴绿色帽子的人是巫师,而如果回答是肯定的,那就什么也说明不了。既然人类学家能够推断出在场哪一位是巫师,那么他肯定得到的是否定的回答,并由此推断出戴绿色帽子的人是巫师。

尽管人类学家已经推断出哪一位是巫师,但他还不知道巫师是骑士还是无赖。于是,他又问了一个问题,就发现巫师是骑士,而占星师是无赖。占星师有些尴尬地起身离开,边走边说:"按照行星的排布,我现在应该在家里才对。"

"这些占星师啊,"巫师大笑着说,"他们每个人都谎话连篇。我跟他们可不一样,我的巫术是真的。"

"说真话,"阿伯克龙比说,"我对魔法的存在是相当怀疑的。"

"哦,你不明白,"巫师说,"我的巫术不使用魔法——尽管在周围的人看来它确实是魔法。我的巫术需要巧妙地运用逻辑。我一直在用我的逻辑愚弄这些家伙。"

"你能举个例子吗?"阿伯克龙比问。

"当然可以。你经常打赌吗?"

"偶尔会。"阿伯克龙比带着一些谨慎回答。

"哦,不一定要下大赌注,我们只赌一枚铜币。我会问你一个问题,你必须给出肯定或否定的回答。虽然这个问题有一个明确的正确答案,但我敢打赌你将无法给出这个答案。除了你以外的任何人都可能会给出正确答案,但你却不能。事实上,即使这个问题有一个正确答案,你*在逻辑上也不可能给出这个答案*。这听起来是不是很像巫术?"

"确实如此,"阿伯克龙比回答道,他已经产生了强烈的兴趣,"我愿意打这个赌——主要是因为我很好奇。你想到的是什么问题?"

然后巫师问了阿伯克龙比一个以"是"或"否"来回答的问题,并且这个问题肯定有且只有一个正确答案。令他感到惊讶和有趣的是,阿伯克龙比很快意识到巫师是对的。即使他知道这个问题的正确答案是什么,他在逻辑上也不可能给出这个答案。

你能猜到巫师问了一个什么问题吗?

巫师问阿伯克龙比:"你会对这个问题给出否定的回答吗?"如果阿伯克龙比要给出否定的回答,那么他会否认他的回答是否定的,因此就会是错的。如果他给出肯定的回答,那么就会是在确定他的回答是否定的,因此也会是错的。不论如何阿伯克龙比在逻辑上不可能给出正确答案。

这些巫师,真是聪明!

克雷格探长来访

在人类学家启航回家的几周后,我的朋友、苏格兰场[①]的克雷格(Craig)探长访问了这个岛。在这次特别访问的第一晚,克雷格受邀与首席大法官共进晚餐,首席大法官是一位骑士。

---

① 苏格兰场(Scotland Yard)是英国伦敦警察厅的代称,由于旧址处于苏格兰王室宫殿遗迹而得名,后迁至新址后被称为"新苏格兰场"。——译注

"啊,是的,"法官自豪地说,"昨天我在一次庭审中抓获了一个无赖,以作伪证罪判处他3个月监禁。谁都不应该在宣誓后撒谎。"

"你是在暗示,在没有宣誓的情况下撒谎是可以的吗?"克雷格问。

"不,不,"法官大声说道,"根本就不应该说谎,在宣誓后尤其如此。"

"请告诉我发生了什么。"克雷格说,他对这些事情非常感兴趣。

"哦,有两个被告,他们的名字分别叫巴拉布(Barab)和佐克(Zork)。我知道巴拉布不喜欢佐克,但这不能成为他捏造关于佐克的谎言的借口。"

"他撒了什么谎?"克雷格问。

"他声称在审判前几分钟,他听到佐克向一位朋友坦白说:'我昨天撒了谎。'"

"那又怎样呢?"克雷格问。

"那我显然就因为巴拉布撒谎而判定他有罪了。"

"你怎么知道他在撒谎?"

"哦,得了吧,"法官有些恼怒地说,"我还以为你是一位很好的逻辑学家呢。很明显,佐克绝不可能说他昨天撒了谎,因为一位骑士绝不会谎称他昨天撒了谎,而一个无赖永远不会如实地承认他昨天撒了谎。因此,当巴拉布说佐克说了那些话时,他显然是在撒谎。"

"未必如此,"克雷格回答,"你应该重新审视自己的逻辑,而当务之急是,你应该立即释放巴拉布,因为你在没有正当理由的情况下判定他有罪。"

随后的调查表明克雷格是对的。法官在他的推理中犯了一个相当自然的错误,但这仍然是一个错误。这个错误是什么?

随后的调查表明,巴拉布实际上是一位骑士,他说的是真话:佐克确实说了那句奇怪的话。佐克怎么可能声称自己昨天撒了谎? 嗯,原来佐克在前一天得了喉炎,因此那天什么话也没说。而佐克是一个无赖,当他声称前一天撒了谎时,他撒了谎,其实他前一天没说话。

第二天,克雷格被要求作为法官主持一场有关一块被盗的手表的审判。被告名叫加里(Gary)。克雷格探长对查明加里是骑士还是无赖不感兴趣,他只想知道加里是否偷了这块手表。以下是审判记录。

克雷格:抢劫案发生后的某个时候,你曾声称自己不是偷手表的人,这是真的吗?

加里:是的。

克雷格:你是不是曾声称过你就是那个偷手表的人?

加里随后回答了(肯定或否定),于是克雷格就知道了他是否与这桩盗窃案无关。那么,是加里偷了手表吗?

这道谜题是元谜题的另一个例子。假设加里对克雷格的第二个问题给出了肯定的回答。那么显而易见,加里是一个无赖,因为一位骑士绝不会自称说过两句相互矛盾的话。由于加里是一个无赖(仍然假设他给出了肯定的回答),那么他的两个回答都是谎言,而这意味着他从未说过自己不是小偷,也从未说过自己是小偷,因此克雷格无法知道加里是清白的还是有罪的。但实际上克雷格知道了。因此,加里的第二个回答不可能是肯定的,他一定给出了否定的回答。

既然我们知道了加里的第二个回答是否定的,那么我们就可以确定他是清白的还是有罪的了。加里要么是骑士,要么是无赖。假设他是骑士。这种情况下他的两个回答都是真的,这意味着确实他曾经声称过自己不是小偷,但他从未声称自己是小偷。既然他曾经声称过自己不是小偷,而且他是一位骑士,那么他就是清白的。另一方面,假设他是无赖。这种情况下他的两个回答都是谎言,这意味着他确实从未声称过自己不是小偷,但他确实声称过自己是小偷。那么,一个无赖声称自己是小偷,这意味着事实上他不是小偷,因此他是清白的。这就证明,无论加里是骑士还是无赖,他都是清白的。

当我还是个孩子的时候

　　当人类学家阿伯克龙比从骑士与无赖之岛回来后,他向媒体讲述了与巫师的徒弟的奇遇以及他拜访巫师本人的经历。一位名叫瑞安(Bill Ryan)的记者对此非常感兴趣,他决定访问该岛并采访这位巫师。在一个寒冷的冬日,他从巴尔的摩①启航,来到了这个小岛,在山上的城堡里找到了这位神秘巫师的踪迹。

　　"请告诉我,"瑞安手里拿着铅笔和笔记本对巫师说,"你是从什么时候开始对逻辑感兴趣的?"——因为正如阿伯克龙比已发现的,这位巫师的"魔法"无非是巧妙地运用逻辑而已。

　　"从我还是个孩子的时候就开始了,"他回答,"我叔叔告诉我有一个神秘的骑士与无赖之岛。(我现在有理由相信,他知道确实存在着这样一个岛,但他想在刺激我去那里旅行之前先测试一下我。)总之,他首先告诉我一个遭遇海难的旅行者的故事,这位旅行者遇到了岛上的三个当地人,他们的名字分别叫安东尼(Anthony)、伯特兰(Bertrand)和克莱夫(Clive)。他问其中一个人:'你是骑士还是无赖?'安东尼回答了他的问题,但用的是一种外国语言。于是这位旅行者问伯特兰安东尼说了什么。伯特兰回答:'安东尼说

① 巴尔的摩(Baltimore),美国马里兰(Maryland)州的最大城市,也是美国大西洋沿岸的重要海港城市。——译注

他是个无赖。'但是克莱夫插嘴说:'别相信伯特兰,他在撒谎。'

"这位旅行者(我现在相信他其实就是我的叔叔)感到很困惑。然后他突然明白了克莱夫是哪一类人(骑士还是无赖)。但叔叔不会告诉我答案,我必须自己想明白。你能猜出克莱夫是骑士还是无赖吗?"

瑞安被难住了,于是巫师作了以下解释:

"我抬头看了看我的叔叔,"巫师回忆道,"然后说,骑士与无赖之岛上的任何一个居民都不可能声称自己是无赖,因为一位骑士永远不会谎称自己是无赖,而一个无赖也永远不会如实承认自己是无赖。我当时的推理是,伯特兰说安东尼声称自己是无赖时,显然是在撒谎,因此克莱夫在说伯特兰撒谎时说的是真话。因此,伯特兰是无赖,克莱夫是骑士。"

"我现在住在这个岛上了,每当我试图揭开骑士和无赖的真面目时,常常想起我叔叔的故事。"

"在岛上待了这么多年,难道你还不知道谁是骑士,谁是无赖吗?"瑞安问道。

"哎,不到两周前,"巫师说,"我在海滩上散步,遇到了一个素不相识的人。当时岛上没有访客,所以我知道他一定是本地人。但我不知道他是骑士还是无赖。当我们擦肩而过时,他咕哝了几句。我想了一会儿,然后冲他身后喊道:'如果你没有那样说,我可能就相信了! 在你说话之前,我还不知道你是骑士还是无赖,也不知道你刚才说的是真是假。现在我知道你说的话是假的了,你一定是个无赖。'"

"他到底说了什么,才会让你做出那样的反应?"瑞安问。

"你认为他说了什么?"巫师提出了挑战。

"嗯,他可能说了'2加2等于5'之类的话?"瑞安回答,"这难道还不足以让你相信他是个无赖吗?"

"当然!"巫师大声说道,"但我看你还不明白这里的问题所在! 如果他说了那句话,我就会知道他是个无赖,因为我在他说话之前就知道'2加2等于5'是一个错误的说法。但我告诉过你,只有在他说了这句话之后,我才能推断出它是错误的——是根据他说的这句话的内容才推断出来的。现在你能想出这样一句话吗?"

记者又一次被难住了。

"当我第一次见到这个当地人时,"巫师解释道,"我并不知道他是骑士还是无赖,也不知道他是否结婚了。但后来他说,'我是一个已婚的无赖。'很明显,一位骑士绝不可能声称自己是一个已婚的无赖(或者其他任何类型的无赖,就这件事而言),因此,这个当地人肯定是个无赖。因此,他的说法就是假的。他其实不是一个已婚的无赖,所以他一定是一个单身的无赖。在他讲话之后,我知道了他的两件事,这两件事是我以前不知道的——他是个无赖,而且他还没有结婚。"

"嗨,稍等一下!"瑞安喊道,"我不能接受你的解答成立。事实上,我看不出这件事情怎么可能发生。令我深感不安的还有,你作为一位骑士,竟然会告诉我这个虚假的故事。要么也许你是一个无赖,而你今天告诉我的一切都不是真的。"

"你为什么说这个故事是假的?"巫师惊讶地问。

"因为这个岛上没有一个居民会自称是无赖。如果他自称是一个已婚的无赖,那么他肯定是自称无赖,正如你叔叔(如果他真的存在过的话)所指出的,这是不可能的。你的故事站不住脚。"

"别急,年轻人,"巫师说,"你刚才犯了一个相当常见的错误。让我来问你一个问题:假设一个人声称自己既懂法语又懂德语。他是否一定在声称自己懂法语?"

"当然是啦,"瑞安回答,"真是个愚蠢的问题。"

"如果你停下来想一想,那就没那么愚蠢了。让我这么问吧:一个人刚刚告诉你,他既懂法语又懂德语。然后你问他:'你懂法语吗?'他一定会说他懂吗?"

"当然会啊,"瑞安回答,"为什么不呢?"

"啊,这就是你犯错的地方。他可能会说他懂,也可能不会说他懂,他甚至可能会否认他懂法语。"

在巫师解释时，瑞安直挠头。

"如果一个诚实的人说他既懂法语又懂德语，那么他当然也会说他懂法语。但是对于一个撒谎者来说，情况就不同了；如果他碰巧懂法语而不懂德语，那么他会谎称他既懂法语又懂德语。然后如果你问他是否懂法语，他会撒谎说不懂。同样，这个岛上的一个当地人可以自称是一个已婚的无赖，但却否认自己是无赖。这是关于撒谎和说真话的逻辑的一个奇怪的事实，需要一些时间来适应。"

瑞安没用多久就意识到巫师是对的。

"还有一次，"巫师说，"我遇到一个当地人，他说了一句话，我可以从中推断出那句话一定是真的，但在那句话说出来之前，我不知道他要说真话还是假话，也并不预先知道他是一位骑士。好了，瑞安，如果你真的理解了我刚才教你的，你就会知道这个当地人说了什么。"

瑞安想了一下，然后大胆地回答："当地人可能会说，我不是一个已婚的骑士。"显然，一个无赖是不可能这么说的（因为无赖确实不是已婚骑士）。由于他是一位骑士，因此他说的话就一定是真的，所以他一定是一位未婚的骑士。

"假设，"巫师说，"这个当地人说的是，'我是一个未婚的骑士。'你能推断出他是骑士还是无赖，或者他是否结婚了吗？"

瑞安正准备回答"能"的时候，就突然住嘴了。"不，我不能。任何一个无赖都可以声称自己是未婚的骑士（因为他确实不是未婚的骑士），而任何一位未婚的骑士也可以声称自己是未婚的骑士。从他的说法中我们只能推断出，如果他是一位骑士，那么他就未婚，这并不能告诉我们太多。"

"唷，"瑞安说，"我几乎混淆了这两种说法：'我是一个未婚的骑士'和'我不是一个已婚的骑士'。它们说的其实是完全不同的事情。"

"你进步很快，比你刚走进来时我预想的要好多了。但恐怕，"巫师抬起头看着他的古董大钟说，"我必须参加一场审判了。这大概会是一场非常有趣的审判。首席法官是杰出的逻辑学家克雷格探长曾经的学生。你愿意和我一起去吗?"

"很乐意。"瑞安回答。

两人从巫师的塔楼上下来,步行前往法院。一路上,巫师给瑞安讲了关于这个案件的已知信息。

"这个案件是关于一匹被盗的马。有4名嫌疑人——安德鲁(Andrew)、布鲁斯(Bruce)、克莱顿(Clayton)和爱德华(Edward)。当局确知这4名嫌疑人中有且只有一人是小偷。前3人已经被找到并羁押,但爱德华却无处可寻。审判将不得不在他缺席的情况下进行。"

瑞安和巫师到达法院的时间正好,他们刚就座,审判就开始了。而且,由于岛上几乎每个人都对这个案件感兴趣,因此法庭里挤得满满的。

首先,法官敲打他的小木槌,问了一个与本案高度相关的问题:"谁偷了这匹马?"他得到了以下回答。

安德鲁:布鲁斯偷了这匹马。

布鲁斯:克莱顿偷了这匹马。

克莱顿:是爱德华偷了这匹马。

然后,出乎意料的是,3名被告中有一个人说:"另外两个人都在撒谎。"

法官想了一下,然后指着3个人中的一个说:"很明显,你没有偷马,所以你可以离开法庭了。"

被无罪释放的那个人很乐意服从,因此只剩下两名被告仍在受审。

然后法官问剩下的两个人之一,另一个人是不是骑士,在得到回答(肯定或否定)之后,他就知道了是谁偷了马。法官的判决是什么?

首先,我们必须确定法官立即宣判无罪的是谁。假设是安德鲁。如果安德鲁是一位骑士,那么布鲁斯一定有罪,安德鲁一定无罪。如果安德鲁是一个无赖,那么"布鲁斯和克莱顿都撒了谎"这件事就是不成立的,他们中至少有一人说了真话。这意味着要么克莱顿有罪(如果布鲁斯说了真话),要么爱德华有罪(如果克莱顿说了真话);无论哪种情况,安德鲁都是清白的。

因此,如果第二次说话的是安德鲁,那么他就是清白的,不管他是骑士还是无赖。当然,法官会意识到这一点并宣判他无罪。

不过,如果第二次说话的是布鲁斯或克莱顿,那么法官就不可能找到理由宣判任何人无罪。如果说话的是布鲁斯,那么法官只能判断布鲁斯是骑士而克莱顿有罪,或者布鲁斯是无赖而布鲁斯或爱德华有罪。如果说话的是克莱顿,那么法官只能判断克莱顿是骑士而爱德华有罪,或者克莱顿是无赖而布鲁斯或克莱顿有罪。既然法官确实宣判了有人无罪,那么说话的一定是安德鲁,并且他被宣判无罪。

因此,剩下的被告是布鲁斯和克莱顿。这两人中的一个在回答法官的最后一个问题时,要么声称另一被告是骑士,要么声称另一被告是无赖。如果是前者,那么这两名被告就属于同一类型(都是骑士或者都是无赖);如果是后者,那么这两人就属于不同类型。假设是后者,那么一种可能的情况是克莱顿是骑士而布鲁斯是无赖,在这种情况下爱德华有罪(因为克莱顿说他有罪),另一种可能的情况是布鲁斯是骑士而克莱顿是无赖,在这种情况下克莱顿有罪。然而,法官不可能知道是哪一种情况,因此无法定罪。那么,两人中的一人必定声称另一人是骑士(对法官的问题给出了肯定的回答)。法官于是知道了他们属于同一类型。他们不可能都是骑士(因为他们的指控相互冲突),所以他们都是无赖,他们的指控都是假的。克莱顿和爱德华都没有偷那匹马。我们知道,安德鲁已经被无罪释放。所以是布鲁斯偷了那匹马。

审判结束后,当巫师和瑞安离开法庭时,巫师对瑞安说:"说到马,我必须告诉你多年前发生的一件非常有趣的事情,当时我住在另一个国家的一个小镇上。一个叫阿奇博尔德(Archibald)的人把一匹马卖给了一个叫本杰明(Benjamin)的人。这两个人我都认识,因此我很想知道他们之中谁做成了一笔更精明的交易。首先我问本杰明,买这匹马花了多少钱。他说出的数字低得出奇。然后我转向阿奇博尔德,问道:'你为什么以这么低的价格卖掉了这么一头漂亮的牲畜?'阿奇博尔德回答说:'他没有占便宜,这匹马的腿是瘸的。'接着我又问本杰明,'你为什么花这么多钱买了一头瘸腿的牲畜?'本杰明回答说:'它不是真的瘸。你看,有一颗钉子钉在它的蹄子上,使它一瘸一拐的,*看起来像是瘸了*。毫无疑问,阿奇博尔德认为它*确实瘸了*,所以才卖如此低的价格。但是当我把马牵走的时候,我会把钉子拔出来,它就会重获新生了。'

"我转向阿奇博尔德说,'啊哈! 我看是他占了你的便宜。这匹马并不是真的瘸了。'但阿奇回答说:'不,不,这匹马*真的瘸了*。我在它的蹄子上钉了一枚钉子,只是为了让本杰明认为这是导致马一瘸一拐的原因。但是当他把这枚钉子拔出来时,他会看到马还是瘸得一样厉害。'

"听了这话,我对本杰明说:'那么,他的确欺骗了你。这匹马确实是瘸的,阿奇博尔德故意把钉子钉在马蹄上,只是为了误导你。'对此,本杰明回答说,'我考虑了这种可能性,所以我付给他的是假钞。'"

安娜贝尔遭到绑架

　　11月的一个晚上,在距离骑士与无赖之岛几百里格①的一个地图上未标明的环礁上,国王的小女儿安娜贝尔公主遭到了绑架。有传言说她被人用船带到了骑士与无赖之岛,但没有人知道这则消息的真伪。安娜贝尔的求婚者,一个名叫亚历山大的魁梧年轻人,立即启航前往该岛,希望知道她是否被囚禁在那里。他认为(而且是正确地认为)如果她被带到了岛上,那么她现在仍然在那里。他还正确地推断出岛上的巫医会知道安娜贝尔是否仍然被囚禁着。唯一的问题是,亚历山大不知道巫医是骑士还是无赖!

　　亚历山大安全地抵达了岛上,并找到那位巫医,他问道:"安娜贝尔公主在这个岛上吗?"巫医给出了肯定或否定的回答。然后这位求婚者又问:"你在这个岛上见过安娜贝尔公主吗?"巫医给出了肯定或否定的回答,于是这位求婚者就知道了安娜贝尔当时是否在岛上。她在吗?

　　假设巫医两次都给出了肯定的回答。那么一种可能是:巫医是一位骑士,安娜贝尔在岛上;另一种可能是:巫医是一个无赖,安娜贝尔不在岛上——亚历山大不可能知道是哪一种。如果巫医两次都给出了否定的回

────────────────────

① 里格(league),古老的陆地及海洋测量单位,1里格的长度在海洋中相当于5.556千米,在陆地上相当于4.82千米。——译注

答,那么一种可能是:巫医是一个无赖,安娜贝尔在岛上;另一种可能是巫医是一位骑士,安娜贝尔不在岛上——亚历山大还是无法做出决断。但既然他确实知道了安娜贝尔是否在岛上,那么他一定是得到了一个肯定的回答和一个否定的回答。

让我们来看看如果第一个回答是肯定的,第二个回答是否定的,那会发生什么。如果巫医是一个无赖,那么这两个回答就都是谎言,而这意味着安娜贝尔从未去过岛上,但巫医却见过她,这是不可能的。这种情况下,巫医一定是一位骑士,安娜贝尔一定在岛上(尽管巫医从未在岛上见过她)。

另一方面,假设第一个回答是否定的,第二个回答是肯定的。如果巫医是一位骑士,那么我们将再次面临一种不可能的情况,那就是安娜贝尔从未去过岛上,但巫医却见过她。这种情况下,巫医一定是一个无赖,安娜贝尔一定在岛上。

当然,我们无法知道巫医到底给出了什么回答(只知道一个回答是肯定的,一个回答是否定的),也无法判断巫医是骑士还是无赖(尽管亚历山大知道)。但我们已经看到,只有两组答案是可能的(因为亚历山大确实知道她是否在岛上),而无论在哪种情况下,安娜贝尔一定在岛上。

不消说,当亚历山大发现他心爱的安娜贝尔在岛上时,他欣喜若狂。下一步是想办法解救她。他在被国王接见时始终牢记这一点。国王是一位众所周知的骑士,名叫佐恩(Zorn)。

"你要多少赎金才肯释放安娜贝尔公主?"亚历山大大胆地问。

"哦,我的天哪,"国王笑着说,"我让人把她带到这里来,从来就不是为了赎金!"

"你是说你有一些更坏的动机?"亚历山大问道,他有些惊慌。

"哦,不,亲爱的孩子,"国王用一种安慰的语气回答,"安娜贝尔公主确实是一位非常可爱的女士,如果你足够聪明,能把她赢回来,那么她将是你理想的新娘。"

"那你为什么要绑架她?"亚历山大问道。

"原因会让你大吃一惊，"佐恩回答说，"你在解谜方面颇有名气。我故意叫人把公主带到这里来，就是为了测试你的能力。你确定了公主确实在岛上，这一点你做得很好，但困难的部分还在后面呢。"

"那是什么？"亚历山大问道。

"啊！"国王说，"你的下一个任务是要查明我的宰相是骑士还是无赖。如果你成功了，我就会释放安娜贝尔。你想问宰相多少问题就问多少问题，但这些问题都必须是一些以是或否来回答的问题。"

"那可太容易了！"亚历山大喊道，"我只需要问一个问题，一个我已经知道答案的问题，比如2加2是否等于4。根据他的回答，我就能知道他是骑士还是无赖。"

"你不该打断我的话！"国王说，"你当然可以通过只问一个你已经知道答案的问题来弄清楚。但我刚才正要说的是，你不能问任何你已经知道答案的问题。"

这位求婚者站在那里，陷入了沉思。

"让我说得更明确一些，"国王说，"你不必事先计划好各问题的顺序。在任何阶段，你决定要问的那个问题都可能根据已经给出的那些回答来提出，但在*任何*阶段，你都不允许问一个你可能知道正确答案的问题。"

这位求婚者对此又想了一会儿。

"你确定这项任务是可实现的吗？"他最后问道。

"我从来没有说过这是可能的。"国王回答。

"哦，得了吧！"亚历山大激动地说，"你给了我一项不可能完成的任务，这是不是太不公平了？"

"我也从来没有说过这是*不可能*的，"国王回答，"该由*你*来搞清楚是否可能。如果这是可能的，那么你必须解出这道谜题赢回你的公主。如果这是不可能的，并且你能够向我*证明*这是不可能的，那么我也答应释放安娜贝尔公主。无论是哪种情况，你都可以赢回她。这些就是我的条件。"

亚历山大对这挑战思考了很多天，然后请求觐见佐恩国王。

"我有一个策略,"亚历山大说,"我最多只需要问两个问题!"

"是哪两个问题?"国王问道。

"嗯,"亚历山大回答说,"首先,我想问宰相,他是不是一位已婚的骑士。到目前为止,我还无法知道他是不是已婚,或者他是不是骑士。如果他的回答是否定的,那么就不需要再问了。这种情况下他必定是一位骑士,因为一个无赖肯定不是已婚的骑士,因此无法如实地对这个问题给出否定的回答。"

"但假设他的回答是肯定的呢?"国王问道。

"在这种情况下,我会知道他要么是已婚的骑士,要么是可能已婚、也可能是未婚的无赖,因为如果他是骑士,那么他的回答就会是正确的,而这意味着他是一位已婚的骑士;如果他不是骑士,那么他就是无赖。因此就有必要问第二个问题了。在这种情况下我会问他,'你是一位未婚的骑士吗?'如果他对这个问题的回答也是肯定的,那么他当然就是一个无赖(因为一位骑士绝不会声称两件互不相容的事)。如果他的回答是否定的,那么他一定是一位已婚的骑士(因为无赖不是未婚的骑士,因此不可能如实地给出否定的回答)。因此,否定的回答就表明他是一位骑士。因此,我就会知道他是骑士还是无赖。"

"你真的在宰相身上尝试过这一策略吗?"佐恩国王问道。

"还没有,"这位求婚者回答,"但这正是我计划要做的。"

"幸好你还没有这么做,"国王说,"你的这两个问题都不符合我所规定的条件!"

国王是对的。为什么这个策略没有满足他的要求呢?

如果这位求婚者运气好的话,那么他的策略可能恰好会奏效,但它并不是一定会奏效的——这是基于以下原因。假设亚历山大已经在宰相身上尝试了这一策略,并且在第一个问题上得到了否定的回答。那么(正如亚历山大刚才所正确解释的那样),他就会知道宰相是一位骑士。然而,如果宰相的回答是肯定的,那么尽管亚历山大在第二个问题之后肯定会知道宰相是骑士还是无赖,但这第二个问题不满足国王的要求,即求婚者在提问之前不知道正确答案。只有当宰相要么是已婚的骑士要么是(已婚或未婚的)无赖时,换言之,只有当他不是一位未婚的骑士时,他才能对第一个问题给出肯定的回答! 因此,第二个问题的真实答案(即否定的回答)早已确定!

"这是否意味着我再也见不到我的安娜贝尔了?"在国王解释了这个策略的缺陷之后,亚历山大悲伤地问道。

"我可没那么说!"佐恩国王说,"你尚未实际进行你的测试,你只是告诉我,如果你要测试的话,你会怎么去做。回去再考虑一下。然后,当你准备好了,就可以请求与我和宰相正式会面,要么在我面前按我所规定的条件推断他是骑士还是无赖,要么令我满意地证明这项任务是不可能完成的。"

亚历山大谢过国王后退下了,他又考虑了几天。最后他得出了结论,这项任务是不可能完成的。不过,他害怕到国王面前呈现他的证明,因为其中可能包含着一些微妙的错误。"要是我能在测试前跟一个聪明人讨论一下就好了。"他想。

对亚历山大和安娜贝尔来说,幸运的是,亚历山大与当时正在岛上访问的世界著名生物学家巴克特里斯(Bacterius)①教授建立了真挚的友谊。巴克特里斯是一位训练有素的科学家,他也是一位非常博学的人,对逻辑有着浓厚的兴趣。这位求婚者向巴克特里斯解释了他的困境。

"我相信我的证明是正确的,"亚历山大说,"但如果能听听您的意见,我将不胜感激。"

"我很乐意。"巴克特里斯回答。

"嗯,"亚历山大说,"我是这样想的。假设我正在向宰相提问,让我们来考虑我的最后一个问题。这个问题必须是这样的:肯定的回答表示他属于一种类型的人,否定的回答则表示他属于另一种类型。"

"到目前为止都对。"巴克特里斯说。

"此外,在我问这个问题之*前*,我肯定会知道这一点,"求婚者继续说,

---

① 英语中"细菌"一词的单数形式是 bacterium,复数形式为 bacteria,其希腊语词源为 bakterion,作者由此杜撰了这一人名。——译注

"让我们假设肯定的回答会表明他是一位骑士,而否定的回答会表明他是一个无赖。既然我知道一位骑士会给出肯定的回答,而一个无赖会给出否定的回答,那么我就会知道真实的答案是肯定的,因此在我问这个问题之前,我就会知道这个问题的真实答案,而这正是禁止我做的事情!因此,这项任务是不可能完成的。"

巴克特里斯皱着眉头,想了一会儿才回答。

"我仍然不知道这项任务是否有可能完成,"他最后说道,"但如果我是你,我就不会把这个证明呈现给国王。它有一个微妙但明确的薄弱之处,我不确定是否可以补救。"

然后,他解释了求婚者的证明中存在的缺陷,亚历山大认识到,巴克特里斯是对的。你能找出这个缺陷吗?

这个证明中存在着两个谬误。首先,当这位求婚者要问最后一个问题时,为什么他一定知道这将是最后一个问题呢?这个问题的性质可能是这样的:如果用一种方式对它作了回答,亚历山大就可以判断宰相是骑士还是无赖,但是如果用另一种方式对它作了回答,那就需要再问下去了。不过,即使这位求婚者确实知道这将是最后一个问题,那也还有一个更严重的问题!有一种方法可以让亚历山大知道,如果回答是肯定的,就表明宰相属于一种类型,而如果回答是否定的,就表明他属于另一种类型。虽然这可能看起来很奇怪,但他只有在得到回答之后才可能知道。有一个问题具有这种奇怪的属性,你很快就会看到!

亚历山大意识到他的证明站不住脚,因此感到很沮丧。此外,他还左右为难,不知下一步该怎么办才好。他找不出一个无懈可击的理由来表明这项任务是不可能完成的,但也看不出有任何办法能完成它。即使巴克特里斯教授用他无可挑剔的逻辑也无法解答这道题!

正在这时,运气好转了。亚历山大通过手段加贿赂,打听到了安娜贝尔被囚禁的地方,并在夜深人静的时候溜进去看望了她。现在,我要告诉你的是,安娜贝尔虽然没有受过什么正规教育,但她博览群书、冰雪聪明,并且拥有最宝贵的数学天赋——非凡的直觉！当亚历山大向安娜贝尔解释了这道题之后，她立刻就给出了解答。

"亲爱的小伙子，"她说，"你没什么好担心的。你只需要问一个问题就能弄清楚宰相是骑士还是无赖，而且如果你按照我的计划去做，那么在你问这个问题的时候，你是不会知道这个问题的真实答案的！"

然后她解释了她的计划，亚历山大高兴了起来。第二天，他得到了国王的正式接见。整个宫廷里的人都盛装出席，要看看这位求婚者的表现如何。

"我准备好了，"亚历山大说，"我宣布，这项任务是可能的，而且我只需问宰相一个问题就能完成！"

"嗯，那我可非得要听一下了！"国王嘿嘿笑了一声说。（他笑是因为他恰好相信这项任务是不可能的。）"请继续吧！"

这位求婚者（按照安娜贝尔的指示）从口袋里拿出了一副牌，在彻底洗牌后随机抽出了一张牌。他自己没有看牌的正面，就把它递给了宰相看。"这是一张红色的牌吗？"他问。当宰相给出了（肯定或否定的）回答之后，求婚者立即第一次看了看这张牌的正面，然后他就知道宰相是撒了谎还是说了真话。

"太神奇了！"国王说，"这样的事我从来没有想到过！但不知怎么的，这看起来像是在作弊！"

"并没有，"亚历山大回答，"当我问宰相这张牌是不是红色的时候，我还没有看它，因此我不知道它是不是红色的。所以按照你的条件，我提出的问题是完全合理的。"

好吧，国王不得不承认亚历山大赢了，于是安娜贝尔被释放了。

"祝你们俩好运，"国王说，"你们为什么不在这个岛上再待一天左右呢？你还没有见过我们的巫师，他是一个非常了不起的人物！他知道你们俩的事，想见见你们。为什么不去拜访他一下呢？"

这对幸福的恋人觉得这是个好主意，决定当天下午就去拜访巫师。但那是下一章的故事了。

第4章

卡齐尔如何赢得了他的妻子

　　安娜贝尔和亚历山大一路漫长而曲折地登上了巫师的城堡之后,感到很疲惫。但是巫师给他们端上了一杯新沏的香茗,里面有等量的锡兰茶和中国肉桂酒,他们立刻恢复了活力。他们发现巫师是一位非常讨人喜欢的、好客的长者。

　　"请告诉我,"安娜贝尔说,她感兴趣的事情通常都很实际,"您是如何在这里建立起您作为一位巫师的声望的?"

　　"啊,这是一个有趣的故事,"巫师搓着手说,"12年前,我在这里开始了我的职业生涯。但我真正的启蒙要归功于哲学家古德曼(Nelson Goodman),他在大约40年前教会了我一个聪明的逻辑诀窍。"

　　"什么诀窍?"亚历山大问。

　　"你知道吗,"巫师说,"尽管这个岛上的每个居民要么是只讲真话的骑士,要么是只讲谎话的无赖,但只要问任何居民一个问题,你就可以发现任何命题的真假。奇怪的是,在他回答之后,你却不会知道他的回答是真话还是谎言。"

　　"这听起来确实很聪明。"亚历山大说。

　　"嗯,我就是这样得到我在这里的职位的,"巫师笑着说,"你要知道,我踏上这个岛的第一天,就决定去王宫申请巫师的工作。然而我却不知道王宫在哪里。当我走到了一个岔路口，我知道前面的两条支路中有一条是通向王宫的，但我不知道是哪一条。岔路口站着一个当地人，他当然知道该走哪一条路，但我不知道他是骑士还是无赖。不过，运用古德曼原理，我只问了他一个以是或否来回答的问题，就找到了正确的道路。"

巫师问了当地人什么问题？

如果你问这个当地人，左边的路是不是通往王宫，这个问题是没有用的，因为你不知道他是骑士还是无赖。正确的问题应该是"你是会声称左边的路通向王宫的那类人吗？"在得到回答以后，你不会知道他是一个骗子还是一个说真话的人，但你会知道该走哪条路。更具体地说，如果他的回答是肯定的，那么你就应该走左边的路；如果他的回答是否定的，那么你应该走右边的路。说明如下。

假设他的回答是肯定的。如果他是一位骑士，那么他说的就是真话，他确实是会声称左边的路通向王宫的那类人。因此，左边的路就是要走的路。另一方面，如果他是一个无赖，那么他的回答就是谎言，这意味着他不是会声称左边的路通向王宫的那类人，只有另一类型的人——骑士——会声称左边的路通向王宫。但既然骑士会声称左边的路通向王宫，那么左边的路就确实通向王宫。不管这个肯定的回答是真话还是谎言，左边的路总是通向王宫的。

现在假设这个当地人的回答是否定的。如果他是诚实的，那么他就不是会声称左边的路通向王宫的那类人，只有无赖才会这么说。而既然一个无赖会这么说，那么这个说法就是假的，这意味着左边的路并不通向王宫。另一方面，如果他在撒谎，那么他实际上会声称左边的路通向王宫（因为他说他不会这么声称），但是，作为一个无赖，他的话是假的，这就意味着左边的路不会通向王宫。这表明，如果这个当地人给出了否定的回答，那么无论他是撒了谎还是说了真话，右边的路就是要走的路。

古德曼原理确实是很了不起。利用它，你可以从一个总是撒谎或总是说真话的人那里提取任何信息。当然，这一策略对那些有时说真话有时撒谎的人是行不通的。

"这样，"巫师说，"我就找到了正确的路，并且走了这条路。一路上，我又迷路了几次，但这已经是最好的结果了。被我问路的那个当地人对我所做的事感到震惊，他立即告诉了岛上的许多其他居民，这个消息比我先到达了国王那里。国王对此非常高兴，因此当场就雇用了我！从那时起，我的生意一直不错。"

"现在，"巫师一边从书架上取出一本装帧精美的书，一边继续说道，"我这里有一本非常罕见的、奇异的古书，是用阿拉伯语写的，叫做《泰尔梅诺·伊希特索诺》(*Tellmenow Isitsöornot*)[①]。我是从美国作家爱伦·坡[②]的故事《山鲁佐德的第一千零二个故事》(*The Thousand-and-Second Tale of Scheherazade*)中知道它的。爱伦·坡在《伊希特索诺》中发现了关于山鲁佐德的这个奇怪的故事，但还有许多其他引人注目的故事他从未提及，这些故事相对而言仍然不为人知。比如说，你听说过'卡齐尔的五个故事'(Five Tales of Kazir)吗？"

两位客人都摇了摇头。

"我想你们也没有听说过。这些故事对逻辑学家们来说特别有趣。现在，我来为你们把它们翻译出来。

"从前有一个名叫卡齐尔的年轻人，他的人生最大志向就是要娶一位国王的女儿。他得到了他们国家国王的接见，并坦率地表明了自己的愿望。

"'你看起来是一个风度翩翩的年轻人，'国王说，'我相信我那未婚的女儿会喜欢你的，但首先你必须通过一个考验。我有两个女儿，一个叫阿米莉亚(Amelia)，另一个叫莱拉(Leila)，一个已婚，另一个未婚。如果你能通过测试，并且如果我那未婚的女儿对你感到满意，那么你就可以娶她。'

---

① 将书名拆开就是"现在告诉我，是不是这样"(Tell me now. Is it so or not)。——译注
② 埃德加·爱伦·坡(Edgar Allan Poe, 1809—1849)，美国诗人、小说家和文学评论家。山鲁佐德(Scheherazade)原为阿拉伯民间故事集《天方夜谭》(*Tales from the thousand and one nights*)里宰相的女儿，她每夜给国王讲故事，讲到精彩处恰好天明，共讲了一千零一夜。——译注

"'已婚的是阿米莉亚还是莱拉?'这位求婚者问道。

"'啊,你要自己去弄清楚,'国王回答,'这就是对你的考验。'

"'让我再解释一下,'他接着说,'我的两个女儿是同卵双胞胎,但性格截然不同。莱拉总是撒谎,阿米莉亚总是说真话。'

"'太不同寻常了!'求婚者喊道。

"'确实非常不同寻常,'国王回答,'她们从小就是这样。无论如何,当我敲响这面锣时,两个女儿都会进来。你的任务是要确定已婚的是阿米莉亚还是莱拉。当然,我不会告诉你哪个是阿米莉亚,哪个是莱拉,也不会告诉你她们之中的哪个是已婚的。只允许你向她们俩之中的一个提问,而且只允许你问一个问题,然后你必须推断出我那个已婚女儿的名字。'"

"哦,我明白了,"安娜贝尔打断了他,"卡齐尔使用了古德曼原理。是这样吗?"

"是,"巫师回答,"这位求婚者碰巧知道古德曼原理——当然不知道这个原理的名字。他的导师,一位德高望重的老苦行僧,多年前就教过他了。于是卡齐尔喜出望外,心想:'我只需要问其中任何一个女儿,她是不是会声称阿米莉亚已婚的那类人。如果她的回答是肯定的,那么阿米莉亚就是已婚的;如果她的回答是否定的,那么莱拉就是已婚的。就这么简单。'

"但事情并没有那么简单,"巫师继续说,"国王碰巧能从求婚者得意扬扬的表情中看出他知道古德曼原理。于是国王说:'我知道你在想什么,但我不会让你对我使用这个逻辑诀窍。如果你的问题超过3个单词,我会当场处决你!'

"'只有3个单词?'卡齐尔喊道。

"'只有3个单词。'国王重复道。

"锣声敲响,两个女儿亮相了。"

求婚者应该问哪个3个单词的问题来确定国王的已婚女儿的名字?

求婚者应该问:"你结婚了吗(Are you married)?"

假设他提问的那个女儿给出了肯定的回答。她要么是阿米莉亚,要么是莱拉,但我们不知道是哪一个。假设她是阿米莉亚。那么她的回答就是真的,阿米莉亚真的结婚了。但假设她是莱拉。那么她的回答就是谎言,莱拉没有结婚,所以一定是阿米莉亚结婚了。因此,不管她是阿米莉亚还是莱拉,如果她的回答是肯定的,那么阿米莉亚必定结婚了。

另一方面,假设那个女儿的回答是否定的。如果她是阿米莉亚,那么她的回答就是真的,那就意味着阿米莉亚没有结婚,因此莱拉结婚了。另一方面,如果是莱拉回答的,那么她的回答就是谎言,这意味着莱拉已经结婚了。所以,不管这个否定的回答是不是真的,莱拉就是那个已婚的女儿。

"求婚者通过考验了吗?"安娜贝尔问道。

"唉,没有,"巫师回答,"如果没有限制他只能问一个有3个单词的问题,那他原本不会有任何问题。但是,由于他面对的是一种全新的局面,因此他完全慌乱了。他只是站在那里,一个字也说不出来。"

"那后来怎样了?"亚历山大问道。

"他被逐出了王宫。但随后又发生了一件有趣的事情。这位未婚的女儿喜欢上了卡齐尔,因此恳求她的父亲第二天叫他回来接受另一次考验。国王尽管有点不情愿,但还是答应了。

"第二天,当这位求婚者走进王宫时,他大声说:'我想出了一个恰当的问题。'

"'已经太迟了,'国王说,'你得接受另一种考验。当我敲响这面锣时,我的两个女儿又会出现(当然是戴着面纱的)。其中一个穿着蓝色的衣服,另一个穿着绿色的衣服。现在你的任务不是弄清我那个已婚女儿的名字,而是要弄清她们俩之中谁还未婚——是穿蓝色衣服的还是穿绿色的。同样,你只可以问一个问题,这个问题不能超过3个单词。'

"锣声敲响,两个女儿出现了。"

这次求婚者应该问哪个3个单词的问题?

"你结婚了吗?"这个问题在现在的情况下毫无用处,应该问的问题是"阿米莉亚结婚了吗(Is Amelia married)?"如果他提问的那个女儿给出了肯定的回答,那么她就是已婚的,不管她是撒谎还是说真话;如果她给出了否定的回答,那么她就是未婚的。

假设她的回答是肯定的。如果她是阿米莉亚,那么她的回答就是真的,阿米莉亚结婚了。另一方面,如果她是莱拉,那么她的回答就是谎言,阿米莉亚没有结婚,因此莱拉结婚了。因此,如果回答是肯定的,就表明给出回答的那个女儿已婚。(如果回答是否定的,就表明给出回答的那个女儿还没有结婚,这一点我留给读者自己去验证。)

当然,"莱拉结婚了吗?"这个问题将会同样奏效。如果回答是肯定的,就表明给出回答的那个女儿还没有结婚,如果回答是否定的,就表示她已经结婚了。

正如巫师向安娜贝尔和亚历山大解释的那样,这个问题和上一个问题之间有着相当的对称性:要想知道回答问题的那个女儿是否已婚,你可以问:"阿米莉亚结婚了吗?";如果你想知道阿米莉亚是否已婚,你可以问:"你结婚了吗?"这两个问题都有着一个奇特的性质,即问其中一个问题可以让你推断出另一个问题的正确答案。

"求婚者再次失败了,"巫师继续说道,"但那个未婚的女儿愈发喜欢他了。国王无法拒绝她的恳求,因此同意次日再给卡齐尔第 3 次机会。"

"'这一次,'国王对这位求婚者说,'当我敲响这面锣时,只有一个女儿会出现。现在你的任务是要弄清她的名字。同样,你只可以问一个问题,而且这个问题最多只能有 3 个单词。'"

求婚者应该问什么问题?

这道题比前两道简单。求婚者只需要问一个他已经知道答案的 3 个单词的问题,比如"莱拉撒谎吗?"对于这个特定的问题,阿米莉亚显然会给出肯定的回答,而莱拉会给出否定的回答。

"'真的吗,'在求婚者的第 3 次考验失败后,国王对他那未婚的女儿说,"你确定要嫁给他,是真的吗? 我觉得他简直是傻瓜一个。你知道,这次考验简直容易到了可笑的程度。'"

"'他只是紧张,'这个女儿回答说,'请再考验他一次吧。'"

"于是,"巫师说,"这位求婚者被告知在下一次考验中,当锣被敲响后,一位女儿会出场。求婚者只需问她一个3个单词的、以是或否来回答的问题。如果她给出肯定的回答,求婚者就可以娶到未婚的女儿。如果她给出否定的回答,他就娶不到她了。"

求婚者应该问什么问题?

"你是阿米莉亚吗?"这个问题就很完美。诚实的阿米莉亚会给出肯定的回答,而撒谎的莱拉也会给出肯定的回答——也就是说,她会谎称自己是阿米莉亚。

"在求婚者第4次失败后,国王对女儿说:'这真是在挑战我的耐心,不用再考验了!'

"'再考验一次,'女儿恳求道,'我保证这是最后一次了。'

"'好吧,最后一次了,你明白吗?'

"女儿答应不会再要求再试一次,因此国王同意了。

"'那么,'国王非常严厉地对这位求婚者说(他像树叶一般浑身颤抖着),'4次考验你都失败了。要提这些3个单词的问题似乎是你的困难之处,所以我会放宽这个要求。'

"'真是松了一口气!'求婚者想。

"'当我敲响这面锣时,'国王说,'还是只有一个女儿会出现。她可能已婚,也可能未婚。你只能问她一个以是或否来回答的问题,但这个问题可以有任意多个单词。你必须根据她的回答*既*推断出她的名字,又推断出她是否已婚。'"

你能想出一个可行的问题吗?

国王(到此时显然已经厌倦了整件事)给了这位求婚者一项不可能完成的任务。在前4次考验中,求婚者必须确定两种可能性中的哪一种成立。然而,在这最后的一次考验测试中,他要确定4种可能性中的哪一种成立。(这4种可能性是:回答问题的女儿1.是阿米莉亚,已经结婚了;2.是阿米莉亚,还没结婚;3.是莱拉,已经结婚了;4.是莱拉,还没结婚。)然而,对于求婚者所提的问题,只有两种可能的回答(是或否,因为这个问题要求以是或否来回答)。由于只有两种可能的回答,因此不可能确定四种可能性中的哪一种成立。

当我说这项任务不可能完成时,我的意思只是说没有任何以是或否来回答的问题必定会奏效。会有好几个(至少有四个)可能的问题,如果这位求婚者幸运的话,也许恰好会奏效。例如,考虑这个问题:"你已经结婚了,而且你的名字是阿米莉亚,我说得对吗?"莱拉对这个问题会给出肯定的回答(无论她是否已婚,因为对于一个由两个部分用"而且"连接而成的复合陈述而言,如果这个陈述的*两个*部分都是假的,或者只有其中一个部分是假的,那么这个陈述就是假的);阿米莉亚,如果她已婚,就会给出肯定的回答,如果她未婚,就会给出否定的回答。因此,如果回答是肯定的,那么就会使得这位求婚者一无所知,而如果回答是否定的,那就必定表明回答者是阿米莉亚且未婚。因此,如果求婚者问这个问题,那么他会有25%的概率发现这四种可能性中的哪一种实际成立。但没有单独一个问题能确保肯定能弄清那四种可能性中的哪一种是成立的。

"这么说他们一直没有结婚?"安娜贝尔问。

"国王从未准许,"巫师回答,"但女儿对最后一个问题的不公正感到非常愤怒,以至于她觉得完全有理由在没有得到父亲允许的情况下嫁给卡齐尔。两人私奔了,据《伊希特索诺》中所说,他们从此过上了幸福的生活。"

"从这一切中我们得到了一个宝贵的教训,"巫师继续说,"永远不要过分依赖于那些一般的原理和常规的机械方法。某些类型的问题可以用这些方法解决,但一旦发现了一般原理,它们就完全失去了趣味性。当然,了解这些一般原理总是有好处的。事实上,要是没有它们,科学和数学就不可能取得进步。但依赖原理而忽视直觉是一件令人惋惜的事情。国王非常聪明地构造了他的那些考验,使得仅仅了解一条一般原理——在本例中是古德曼原理——是没有用的。他的每一次考验都需要一些独创性。在这里,这位求婚者由于缺乏创造性思维而屡屡受挫。"

"我还想知道一件事,"安娜贝尔说,"有没有记录表明卡齐尔娶了这两个女儿中的哪一个?"

"哦,有的,"巫师回答,"这位求婚者很幸运,他娶到了诚实的阿米莉亚。我相信,这有助于他们从此过上幸福的生活。"

"莱拉的婚姻故事,"他继续说,"也被记录在《伊希特索诺》中,我觉得这个故事特别滑稽可笑。莱拉似乎讨厌她的求婚者,但有一天他问她:'你愿意嫁给我吗?',而一辈子都是谎话精的她说了愿意。于是他们就结婚了。"

"所以你看,"巫师总结道,"持续不断地撒谎有时也有其风险!"

听了这个故事,他们都开怀大笑。然后,安娜贝尔和亚历山大站了起来,感谢巫师让他们度过了一个非常有趣、非常有启发的下午。他们解释说,要为第二天出发做准备,因此要告别了。

"你们听说过3年前袭击了这个岛的那场传染病吗?"巫师问道。

他们摇摇头。

"哦,我想跟你们讲讲那一切,但不幸的是,今天不行。岛上的占星师随时会来访。你们为什么不多待几天呢?"

"我的父母会担心我的。"安娜贝尔解释说。

"不会的,"巫师回答,"我已经给你的岛上发送了一条信息,说明你在这里,而且一切安好。你父亲知道我是骑士。"

于是这对恋人就放心了,他们同意第二天再去拜访巫师。

"这位占星师是谁?"在他们离开时,亚历山大问。

"哦,他是个十足的白痴,而且是个无赖和江湖骗子。我不得不忍受他,这事关这个岛上的一个政治问题。但我建议你们不要跟他有任何来往。"

正在这时,占星师走进了房间,他向这对他从未见过的恋人点了点头,对巫师说:"她是示巴王后,他是所罗门王①,你知道吧。"

"一向如此。"巫师对这对正要离去的恋人心照不宣地眨眨眼说。

---

① 示巴王后(Queen of Sheba)是传说中阿拉伯半岛的王后,所罗门王(King Solomon)是古以色列联合王国第三任君主,两人有过一场恋情并育有一子。——译注

谎 言 之 疫

"它像一股西洛可风①来袭,感染了岛上大约一半的居民。幸运的是,我是幸免于难的人之一。"巫师向安娜贝尔和她的求婚者亚历山大解释说。他们俩都专程去了巫师的塔楼,听他讲述了大约3年前席卷骑士与无赖之岛的那场奇怪的疫情。

"没有人能作出真正的诊断,"巫师继续说,"即使巴克特里斯教授运用了他的所有免疫学知识也仍然一头雾水。"

"那是病毒感染还是细菌感染?"安娜贝尔问。

"甚至连这一点都不知道!"巫师说道,"体内的化学成分绝无任何可观测到的变化。事实上,根本没有任何生理病症,其影响纯粹是心理上的。整场疫情只持续了一周,在此期间,岛上一片混乱。然后,突然之间,一切又都恢复正常了。"

"你说这些症状纯粹是心理上的,"亚历山大说,"究竟是哪些症状呢?"

"嗯,"巫师回答,"所有被感染的人都反转了他们通常撒谎或说真话的行为。不再是所有的骑士都说真话,所有的无赖都撒谎。相反,生病的骑士撒谎,而生病的无赖说真话,健康的骑士继续说真话,健康的无赖继续撒谎。

---

① 西洛可风(Sirocco wind)是地中海地区的一种风,源自撒哈拉,在北非、南欧地区变为飓风,会导致干燥炎热的天气,令许多人患上疾病。——译注

所以在那奇怪的一周里,岛上有4类人:健康的骑士、生病的骑士、健康的无赖和生病的无赖。健康的骑士和生病的无赖说真话;生病的骑士和健康的无赖撒谎。所以,如果当时你遇到一个当地人,他说了一句话,而你知道这句话是假的,但是,你不可能知道他是生病的骑士还是健康的无赖。"

"那一定令人非常困惑。"安娜贝尔说。

"一开始是这样,"巫师回答,"但后来我就在岛上四处拜访我不认识的那些当地人,看看我能学到些什么,而我确实学到了一些有趣的事情。"

亚历山大想了一会儿,然后评论道:"我可以看出,一般而言,你无法区分生病的骑士和健康的无赖。例如,如果一个人说2加2等于5,你肯定不知道他是生病的骑士还是健康的无赖。但是有例外吗?是否*在某些情况下*,*仅仅根据一句假话就可以判断出说话者究竟是生病的骑士还是健康的无赖*?"

"问得好,"巫师说,"我确实遇到过这样的情况。我遇到了一个我不认识的当地人。他说了一句话,根据这句话,我不仅可以推断这句话是假的,甚至可以推断他是生病的骑士还是健康的无赖。"

你能想出这样一句话吗?

有一句能奏效的话是"我是生病的骑士。"这句话不可能是真的,因为一位生病的骑士不会如实地宣称自己是生病的骑士。因此,他在撒谎,而这就意味着他要么是一位生病的骑士,要么是一个健康的无赖(因为只有这两类人会撒谎)。但他不是生病的骑士。因此,他就是健康的无赖。当然,"我是健康的无赖。"这句话也会同样奏效,只有生病的骑士才可能说出这句话。

"还有一次,"巫师接着说,"我遇到一个当地人,他说了一句话,根据这句话,我可以推断他一定是一个无赖,尽管我不知道他是生病的无赖还是健康的无赖。"

你能想出这样一句话吗?

有一句简单有效的话是"我病了。"一位健康的骑士永远不会谎称自己生病了,而一位生病的骑士永远不会如实地承认自己生病了。因此,一个会那样说的当地人一定是无赖。他可能是一个健康的无赖,谎称自己生病了,也可能是一个生病的无赖,如实地声称自己生病了。

"不久之后,我又遇到了另一位当地人,他说了一句话,根据这句话,我可以推断出他一定生病了,但不知道他是骑士还是无赖。"巫师说。

说什么话会奏效?

"我是一个无赖。"这句话会奏效。(我把证明留给读者完成。)

"接下来遇到的一位当地人说了一句话,根据这句话,我可以推断出他要么是健康的骑士,要么是生病的骑士,要么是健康的无赖,但不可能知道这三种情况中的哪一种成立。"

这句话是什么?

"我是健康的骑士。"一位健康的骑士可以如实地说这句话;一位生病的骑士或一个健康的无赖都可能会撒谎说这句话;但是一个生病的无赖决不会撒谎而说他是健康的骑士。因此除了生病的无赖之外,其他任何人都可能说这句话。

"最后,我遇到了两个素不相识的当地人,阿斯特(Astor)和本尼迪克特(Benedict)。一开始,阿斯特说了一些我听不懂的话,因为他用的是岛上的方言,那时我还没有完全掌握这种语言。然后我问本尼迪克特,阿斯特说了些什么。本尼迪克特回答说,'他说的是,他要么是生病的骑士,要么是健康的无赖。'阿斯特抗议道:'我从来没有说过那样的话。'但本尼迪克特说:'阿斯特是个无赖。'最后阿斯特说:'本尼迪克特生病了!'"

"这些话使我能够完全弄清楚阿斯特和本尼迪克特分别属于哪一类。"巫师说。

他们分别属于哪一类?

在这奇怪的一周里,没有一个居民可能声称自己是生病的骑士或健康的无赖,这是因为如果他是生病的骑士或健康的无赖,那他一定会撒谎。因此,他决不会如实地承认自己是生病的骑士或健康的无赖。如果他不是生病的骑士或健康的无赖,那就说明他是诚实的。因此,他决不会谎称自己是生病的骑士或健康的无赖。因此,当本尼迪克特说阿斯特声称自己是生病的骑士或健康的无赖时,他撒谎了。因此,阿斯特必定是诚实的,因为他得体地否认了他说过这句话。撒谎的本尼迪克特说阿斯特是无赖,所以阿斯特实际上是一位骑士。由于阿斯特是骑士,而且是诚实的,所以阿斯特必定是一位健康的骑士。另外,诚实的阿斯特说本尼迪克特生病了。因此,本尼迪克特真的生病了。既然本尼迪克特撒谎并且生病了,那么他一定是生病的骑士。所以答案是:阿斯特是一位健康的骑士,而本尼迪克特是一位生病的骑士。

"碰巧,"巫师继续说,"岛上的占星师被这种疾病感染了。如你所知,他是一个无赖,而且通常是一个相当愚蠢的无赖,但这种疾病对他产生了奇迹般的作用。他不仅整整一周都在说真话,而且在这整段时间里都非常明智。只可惜后来他恢复了。

"无论如何,在那段时间里,我们在一起做了大量的研究。有一天,我们正在海滩上散步,突然发现一个当地人朝我们走来。'哦,我认识他,'占星师说,'我可以告诉你他是骑士还是无赖,但无法告诉你他是不是生病了。'

"那个当地人经过我们身边时说道:'我是健康的骑士。'然后占星师对我说,'很好。我现在知道他是不是生病了。'"

巫师问安娜贝尔和亚历山大,"这个当地人是骑士还是无赖? 他生病了吗?"

"等一下,"安娜贝尔说,"你确定你给了我们足够的信息吗?"

"当然啦!"巫师回答。

怎样解释这里的情况?

根据这个当地人声称自己是健康的骑士这一事实,只能推断出他不是生病的无赖。(我们在前一题中看到,健康的骑士、生病的骑士或健康的无赖都可能说这样的话,但生病的无赖不可能。)在占星师听到这个当地人说话之前,他就知道这个人是骑士还是无赖,但我们不知道。假设他早就知道这个当地人是一位骑士。那么,在这个当地人说了那句话之后,占星师还是不可能知道这个当地人是生病的骑士还是健康的骑士：他听到那句话之后所知道的并不比他原先知道得多。但既然占星师最后确实知道了更多，那么唯一的可能性就是他原先知道这个当地人是个无赖，而最后知道了他是个健康的无赖。

"更有趣的是，"巫师继续说，"我和占星师在散步的时候，遇到了另一个自言自语的当地人，我们各自都知道关于他的部分信息。'我知道他是骑士还是无赖，'我告诉占星师，'但我不知道他是不是生病了。'

"'那就奇怪了，'占星师回答，'我碰巧知道他是不是病了，但我不知道他是骑士还是无赖。不要告诉我你知道什么，我也不会告诉你我知道什么。让我们走过去听听他会说些什么。'

"所以我们向着那个当地人走去，只听到他在喃喃自语：'我不是健康的无赖。'

"占星师和我都想了一会儿，但我当时还无法判断他是病了还是健康，占星师当时也无法判断他是骑士还是无赖。这个当地人是骑士还是无赖？他是健康还是生病？"

"嗨，等一下，"安娜贝尔说，"如果连你都不知道，那你怎么能指望我们知道呢？"

"我刚才没说我不知道啊，"巫师回答，"我刚才说的是，我当时不知道。但当占星师后来告诉我*他*仍然不知道，我就知道了。"

真相是什么？

一个健康的无赖会谎称说自己不是健康的无赖；一个生病的无赖会如实地宣称自己不是健康的无赖；一位健康的骑士可以如实地声称自己不是健康的无赖；但是一位生病的骑士决不会如实地声称自己不是健康的无赖。因此，根据这个当地人说的话，只能推断出他不是一位生病的骑士。在这个当地人说话之后，巫师和占星师都知道他不是一位生病的骑士。

现在已知，巫师原先就知道这个当地人是骑士还是无赖。如果他原先知道他是一位骑士，那么在知道他不是一位生病的骑士之后，他应该会知道他是一位健康的骑士。但题目告诉我们，巫师无法根据这个当地人说的话判断出他是生病了还是健康的。因此，巫师原先必定知道这个当地人是无赖。

另一方面，占星师原先就知道这个当地人是健康的还是生病了。如果他原先知道当地人生病了，那么在这个当地人说话之后，他就会知道这是一个生病的无赖（因为他知道这个当地人不是一位生病的骑士），但是如果他原先知道当地人是健康的，那么在这个当地人说话之后，他仍然不会知道更多。既然他仍然没有知道更多，那一定是因为他原先知道这个当地人是健康的。综上所述，这个当地人是一个健康的无赖。

"在那次疫情期间，"巫师说，"我的一枚贵重的戒指被偷了。三名嫌疑人雅各布（Jacob）、卡尔（Karl）和路易（Louie）立即被捕，并且当天就进行了一场审判。所有人都知道这三人中有一人是有罪的，但在审判之前，法庭不知道哪一个人有罪。以下是审判记录。我应该提到的是，这三名被告是亲密的朋友，因此人们假定其中的两名清白者知道谁是罪犯。"

法官（对雅各布说）：你对这起盗窃案了解多少？

雅各布：小偷是个无赖。

法官：他是健康的还是生病了？

雅各布：他是健康的。

法官（对卡尔说）：你对雅各布了解多少？

卡尔：雅各布是个无赖。

法官：他是健康的还是生病了？

卡尔：雅各布生病了。

"法官想了一会儿，然后问路易，'你会不会是小偷呢？'路易给出了（肯定或否定的）回答，于是法官就判决了这个案子。那么，是谁偷了戒指？"

"等一下，"亚历山大说，"你还没告诉我们路易是怎样回答的呢。"

"你不必知道这一点就可以解答此题。"巫师回答。

是谁偷了戒指？

卡尔的两个回答要么都是真话,要么都是谎言。如果都是真话,那么雅各布就是一个生病的无赖;如果都是谎言,那么雅各布就是一位健康的骑士。因此,雅各布要么是生病的无赖,要么是健康的骑士。在当时,雅各布在这两种情况下都是诚实的。因此,雅各布的两个回答都是真的,所以小偷就是一个健康的无赖,因此是一个说谎者。既然雅各布是诚实的,而小偷是个说谎者,那么雅各布就不是小偷。

法官在审问路易之前就知道了这一点。然后她问路易,他是否有罪,但我们不知道路易是怎么回答的。如果路易的回答是"是",那么他一定是清白的,因为我们已经知道,真正的小偷对于自己有罪这一事实会说谎。另一方面,如果路易的回答是"不是",那就无法判断他是清白的还是有罪的。如果他如实回答,他就会是清白的,这完全符合小偷会撒谎这一事实。但如果他不如实回答,那么他就是小偷,这也符合小偷是个说谎者这一事实。所以如果路易的回答是否定的,那么法官就无法定罪。但法官确实做出了判决。因此,路易的回答一定是肯定的,但这反而向法官证明了路易是清白的。因此是卡尔偷了戒指。

命运发生了奇异的转折,路易通过声称自己有罪而被无罪释放!

左撇子和右撇子

　　在安娜贝尔公主和她的求婚者亚历山大结婚宣誓之前,他们在骑士与无赖之岛上的婚礼一直进行得很顺利。当时,太平绅士①宣布:"我现在不宣布你们结为夫妻。"每个人都吓得倒抽一口冷气。甚至安娜贝尔和亚历山大也屏住了呼吸,尽管他们已经习惯了骑士与无赖之岛的奇怪习俗,那里的每个居民要么是一直说真话的骑士,要么是一直撒谎的无赖。最后,在震惊的宾客之中,一位骑士向所有人保证,这位太平绅士实际上是一个*经过法律认证*的无赖,因此他说的话构成了这对夫妇结婚的法律证据。大家都松了一口气,然后齐声欢呼起来。

　　佐恩国王越来越喜欢这对夫妇了,在皇宫为他们举行了盛大的宴会。所有重要人物都参加了,当然也包括巫师,甚至还包括那位步履蹒跚、脾气暴躁的占星师。晚宴结束后,来了跳舞的人、变戏法的人、吞火的人和魔术师。但直到巫师把大家召集在他周围,听他讲他的旅行经历时,当晚真正的乐趣才开始。

　　"几个月前我访问了一个奇怪的国家,"他开始说,"那里所有的居民要么是右撇子,要么是左撇子。"

————————————

① 太平绅士(Justice of the Peace)是一种源于英国的职衔,由政府委任民间人士担任,职责是维持社区安宁和处理一些较简单的法律事务。——译注

第7章

部分沉默之岛

婚礼的几天之后,我们的这对幸福的夫妇,安娜贝尔公主和亚历山大,启航回家。但很可惜,他们遇到了麻烦! 他们的船出海才几个小时,就遭到了海盗的袭击。两人被俘虏,并被当做奴隶卖给了另一个岛的国王,这个岛是一个被称为"部分沉默之岛"的阴森之地。

"让我向你们解释一下这个岛,"冷酷的国王对这两个俘虏说,"就像佐恩国王的岛上一样,这里的每个居民要么是骑士,要么是无赖。然而,在这个岛上,人们并不总是对问他们的问题作出回答! 如果你问一位骑士一个问题,并且他若回答了,那么他的回答就会是真的,但他可能会拒绝回答。如果你问一个无赖一个问题,并且他若回答了,那么他的回答就会是一个谎言,但他同样可能拒绝回答。如果你编造出一个当地人在不违反他骑士或无赖的本性(是哪一种本性要视情况而定)的情况下无法回答的特别问题,那么他就肯定会拒绝回答。你现在明白这个岛为什么有这个名字了吧。"

"2加2等于4,"国王继续说,"现在你知道我是一名骑士了。不幸的是,我不像佐恩国王那么讨人喜欢。但另一方面,我也没有人们所说的那么邪恶,所以我会给你们俩一个成败可能参半的机会,我会给你们5项非常困难的考验,如果你们全都通过了,我就会放你们自由;只要你们有一项失败了,这位绅士的脑袋就会被砍掉,而公主也将归我所有!"

"5项极其困难的考验,而且我们必须全都通过,而你却把这称为成败参半的机会吗?"亚历山大问。

"这些是我的条件!"国王严厉地说。

以下就是这5项考验。

考验1:设计一个问题,这个问题无赖可以给出肯定或否定的回答,而骑士根本无法回答。

考验2:设计一个问题,这个问题骑士可以给出肯定或否定的回答,而无赖根本无法回答。

考验3:设计一个问题,这个问题骑士可以给出否定的回答,但不能给出肯定的回答,而无赖则根本无法回答。

考验4:设计一个问题,这个问题骑士可以给出肯定的回答,但不能给出否定的回答,而无赖则根本无法回答。

考验5:设计一个问题,这个问题骑士和无赖都根本无法回答。

前五项考验的解答

考验1 一个会奏效的问题是:"你会对这个问题给出否定的回答吗?"(这个问题的意思不是:"这个问题的*正确*答案是否定的吗?"它的意思是:"你对这个问题*实际上*会给出否定的回答吗?"也许更准确的措辞是:"在你回答了这个问题之后,这个回答会是否定的吗?")

正如在第1章中巫师向阿伯克龙比解释的那样,被问到这个问题的人都无法给出正确的回答,因此骑士无法回答。无赖可以给出肯定的回答,也可以给出否定的回答,因为两者都是错误的答案。

考验2 问题是:"你会对这个问题给出肯定的回答吗?"肯定的回答和否定的回答都是正确的,因此只有骑士能回答这个问题,而且他给出肯定的回答或否定的回答都可以。

考验3 我怀疑任何*简单*问句都行不通,这个问题(我相信)一定是一然是肯定的。奇怪的是，"这个问题是否包含十四个字？"这个问题的答案却不是肯定的。自引问题的另一个例子是："现在问的这个问题是一个傻问题吗？"（我猜正确答案是肯定的。）

有一个故事说，古希腊哲学家埃庇米尼得斯（Epimenides）曾经去拜见佛陀。埃庇米尼得斯问佛陀："能问的最好的问题是什么，能给出的最好答案是什么？"佛陀回答说："能问的最好的问题就是你刚才问的问题，能给出的最好答案就是我正在给出的答案。"

自引在现代逻辑理论和计算机科学中发挥着重要的作用。这也有着令人上瘾的吸引力！它是证明哥德尔的那条著名的不完备定理的核心。（在本书的后文中，巫师对此会有很多要说。）

练习6-16的答案

6. 你是一位骑士，并且你对这个问题会给出否定的回答，我说得对吗？

7. 要么你是一个无赖，要么你对这个问题会给出否定的回答，我说的对吗？

8. 你是一位骑士，并且你对这个问题会给出肯定的回答，我说得对吗？

9. 要么你是一个无赖，要么你对这个问题会给出肯定的回答，我说的对吗？

10. 要么你是一位骑士，要么你对这个问题会给出否定的回答，我说的对吗？

11. 你是一个无赖，并且你对这个问题会给出否定的回答，我说得对吗？

12. 你会给出一个肯定的回答吗？

13. 你是一个无赖吗？

14. 你是一位骑士吗？

15. 2加2等于5吗？

16. 2加2等于4吗？

第二部分

谜题和元谜题

巫师对他叔叔的回忆

回到家的数月以后,这对夫妇产生了强烈的冲动,想要再次造访佐恩国王的岛,特别是想去看看那位他们已经非常喜欢的巫师。他们原计划在那里待一两个星期,却没想到事情会变得如此有趣,以至于他们一连几个月都舍不得离开!

他们一到岛上,就立刻去拜访了巫师,巫师见到他们也很高兴。巫师正沉浸在愉快的怀旧情绪之中,整个下午都在回忆他的叔叔。

"你们真该见见他,"他对安娜贝尔和亚历山大说,"他是我所认识的最有趣的人之一。事实上,正是他使我对逻辑产生了兴趣。"

"他是怎么做到的?"亚历山大问道。

"他用了一种相当自然的方式,"巫师回答,"在我的童年和青少年时期,他向我提出了各种各样有趣的谜题。我记得在我非常小的时候——大约6岁的时候——我叔叔养了4条狗,我经常和它们一起玩。有一天,他给我出了一道关于这些狗的谜题,我不知道这个故事是真实的还是虚构的,这道谜题是这样的——

"'有一次,我给我的这些狗准备了一碗饼干。首先,最大的那条狗过来了,它吃了这些饼干的一半再加一块。然后,第二条狗过来了,它吃了剩下的饼干的一半再加一块。然后,第三条狗过来了,它吃了剩下的饼干的一半再加一块。然后,第四条最小的狗过来了,吃了剩下的饼干的一半再加一块,这样饼干就全吃完了。那么,一开始碗里有多少饼干?

"这就是我叔叔当时给我做的题。"

答案是什么?(从现在开始,解答通常会在每章最后给出。)

·2·

"我记得,"巫师接着说,"有一次我叔叔问我:'6打打多还是半打打多①?'"

"答案很明显。"安娜贝尔说。

"当然很明显。"亚历山大说。

"确实,"巫师说,"但是很多人还是会弄错。"

正确的答案是什么?

·3·

"我们当时住在一个农场附近,"巫师说,"农场主把他的大部分农产品卖给批发商们,还有一些在一个蔬菜小摊上零售。我叔叔告诉我,这位农场主的农产品90%批发,10%的零售,但他每件商品的零售价是批发价的两倍。然后,我叔叔问我能不能计算出他的总收入中有多少百分比(或几分之几)来自零售。"

答案是什么?

·4·

"另一道简单的算术题:假设你和我有相同数量的(足够多的)铜币。我要给你多少,你才会比我多10枚呢?"

·5·

"有个人带了6根链子来找珠宝商,每根链子都由5个链环构成。他想把它们全都连在一起,做成一根闭合的长链,他问珠宝商要多少钱。珠宝商

---

① 一打(a dozen)即12个,这里的"6打打"和"半打打"原文分别是"six dozen dozen"和"a half a dozen dozen"。——译注

回答说:'我每切开和熔接 1 个链环要收 1 美元。由于你想要 1 根圆形的链子,而你现在有 6 根链子,因此你要花费 6 美元。'

"'不对,'那人说,'这件活少花点钱也能做成。'"

"这个人说得对,"巫师说,"为什么?"

· 6 ·

"我叔叔有一次戏弄我说,有一个乞丐有个哥哥,后来哥哥死了。但是在哥哥活着的时候,他却从来没有过一个弟弟。这该怎么解释呢?"

· 7 ·

"我叔叔还跟我说过,他认识的一位心不在焉的教授有 3 个女儿。我的叔叔有一次问这位教授,他的女儿们多大了。教授回答说:'我不太说得准。我知道 3 个女儿中有一个是最小的。'

"'这没什么奇怪的,'我叔叔回答,'哪一个是最小的呢?'

"'我真的说不准,不是爱丽丝(Alice)就是梅布尔(Mabel)。'

"'好吧,那哪一个年龄最大呢?'

"'这个我也说不准。我记得要么爱丽丝最大,要么莉莲(Lillian)最小,但我不记得是哪种情况了。'"

巫师问:"哪一个最大,哪一个最小?"

· 8 ·

"我叔叔告诉我的另一个家庭问题是:某个男孩的兄弟和他的姐妹一样多。他的妹妹格蕾丝(Grace)的兄弟是她的姐妹的两倍。他们家有多少兄弟姐妹?"

· 9 ·

"这里有一个暗藏玄机的问题,"巫师说,"如果 5 只猫能在 5 分钟内捉到 5 只老鼠,那么要 100 分钟内捉到 100 只老鼠需要多少只猫?"

· 10 ·

"这是我叔叔告诉我的一道简单的题,尽管如此,还是会有很多人搞错。某位磨坊主的收费方式是,他收取他为客户磨得的面粉的十分之一。有一位顾客在付费后正好得到了一蒲式耳①面粉,那么这位顾客磨了多少蒲式耳面粉?"

·11·

"我叔叔曾告诉我,一个名叫迈特罗多鲁斯②的人在公元310年提出了一道古老的谜题。这道谜题讲到一个名叫德摩卡里斯(Demochares)的人,他一生中有四分之一是少年时期,五分之一是青年时期,三分之一是壮年时期,13年是老年时期。他多大年纪了?"

·12·

"我叔叔有一次给我出了一道题,我花了好几个小时才解答出来。如果我当时动脑筋好好想想,本该在大约一分钟内就会明白问题的要害。这道题是,我们有一块8×8的板,它被分为64个方格,2个对角方格被去掉了,如下图所示:

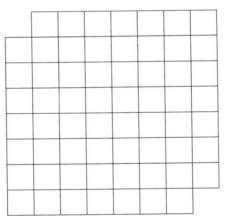

"现在给我们一堆骨牌,每块骨牌可以覆盖2个方格。这里的问题是要用骨牌将这个表面铺满。每块骨牌都必须整块使用,也就是说,每块骨牌必须铺在2个方格上。如何做到这一点?

---

① 蒲式耳(bushel)是一个容量及质量单位,主要用于量度干货,尤其是农产品。——译注

② 迈特罗多鲁斯(Metrodorus,前331—前278),古希腊哲学家之一,正文中的公元310年可能有误。——译注

"解答中所用到的原理提供了一个优美的例子,说明了如何来完成一个数学*证明*。"

· 13 ·

"我叔叔讲过关于美国谜题大师劳埃德(Sam Lloyd)的一件趣事。劳埃德也是一位魔术师,他曾在船上和他 12 岁的儿子一起表演了一个魔术,就连魔术师们都上当了。男孩被蒙上眼睛,背对着观众。一名观众(没有串通)拿了一副牌,洗牌后把这些牌的牌面一张一张地给父亲看。男孩每次都正确地说出了是什么牌。当时无线电还没有发明,因此无线电信号不是解答。就像我说的,连魔术师们都被愚弄了。在我所知道的所有魔术中,这是我觉得最巧妙的一个。这是怎么做到的呢?"

· 14 ·

"你知道逻辑学家斯穆里安(Raymond Smullyan)吗?"巫师问道。

"从未听说过,"安娜贝尔回答,"他是谁?"

"我也从未听说过。"亚历山大说。

"没关系,"巫师回答,"我叔叔喜欢的很多谜题都是他提出的。其中有一道题是说,某人有两个容量为 10 加仑的罐子。其中一个罐子里装着 6 加仑的酒,另一个罐子里装着 6 加仑的水。他把 3 加仑的酒倒进水罐里并搅拌;然后把 3 加仑的混合物倒回到酒罐里并搅拌;然后把 3 加仑现在在酒罐里的混合物倒进水罐里并搅拌;如此反复,直到两个罐子里酒的浓度相同。要达到这一状态需要倒多少次?"

· 15 ·

"我叔叔还告诉我,斯穆里安为经典的有色帽子问题设计了一种很好的变化形式。你知道有色帽子问题吗?"

"我想我曾经听说过,或者类似的事情,但我真的不记得了。"安娜贝尔说。

"我觉得我没有听说过。"亚历山大说。

"嗯,这个问题有很多版本,"巫师说,"其中一个比较简单的版本是:A、

B、C 3 人被蒙上眼睛,并被告知他们每个人的头上都戴着一顶红色或绿色的帽子。然后摘掉眼罩,这样 3 个人都能看到另两人所戴的帽子的颜色,但都看不到自己的帽子颜色。实际上,这 3 个人都戴着绿色的帽子。然后要求这 3 个人,如果他们各自至少看到一顶绿色的帽子就举手,于是 3 个人都举起了手。然后,要求他们如果知道自己戴的是什么颜色的帽子,就把手放下。过了一会儿后,3 个人中最聪明的那个把手放下了。他是怎么知道自己的帽子颜色的?”

·16·

“现在来看斯穆里安问题的变体。这一次,A、B、C 3 人智力相当。事实上,这 3 个人都是*优秀的逻辑学家*,因为他们可以根据任何一组给定前提立即推断出其所有结果。这 3 个人也都知道他们 3 人都是优秀的逻辑学家。现场提供了 4 枚红色邮票和 4 枚绿色邮票。当他们闭上眼睛时,在每个人的额头上贴上两枚邮票,并把剩下的两枚邮票放进抽屉里。当 3 个人睁开眼睛并看到另两人的额头后,问 A 是否知道自己额头上贴的是两枚什么颜色的邮票,他说不知道。然后问 B 是否知道自己额头上贴的是两枚什么颜色的邮票,他说不知道。然后问 C,他也说不知道。然后第二次问 A,他说不知道。然后第二次问 B,他说知道了。B 是怎么知道自己额头上贴着哪两枚邮票的?”

·17·

“在斯穆里安的那些题目中,我叔叔最喜欢的一道是这样的:1918 年,在第一次世界大战停战协定签订的那一天,3 对已婚夫妇共进晚餐庆祝。其中每个丈夫都是其中一个妻子的兄弟,而其中每个妻子都是其中一个丈夫的姐妹;也就是说,在这群人中有 3 对兄妹或姐弟。我们已知下列 5 个事实:

1. 海伦(Helen)比她 8 月份出生的丈夫恰好大 26 周。

2. 怀特(White)先生的姐妹嫁给了海伦的兄弟的姐夫或妹夫,他们是在海伦 1 月份的生日那天结婚的。

3. 玛格丽特·怀特夫人(Marguerite White)没有威廉·布莱克(William

Black)先生高。

4. 亚瑟(Arthur)的姐妹比比阿特丽斯(Beatrice)高。

5. 约翰(John)50岁了。

"布朗(Brown)夫人的名字叫什么?"

解答

1. 这道题最容易用逆向思维来解答。最后一条狗找到了多少饼干,才会在它吃了这些饼干的一半再加一块后,所有饼干就全吃完了?唯一的可能性是两块。在它之前来的那条狗一定找到了6块饼干;更前面来的那条狗一定找到了14块饼干,第一条狗一定找到了30块饼干。

2. 有些人会猜测它们一样多。这当然是错误的,6打打是6×12×12,而半打打就相当于6打(不是6打打),也就是72。实际上,6打打相当于半打打打。

3. 让我们假设每件商品的批发价为1美元,零售价为2美元。那么,每售出10件商品,其中有9件是以1美元的价格售出的,共收入9美元,还有一件是以2美元的价格售出的。因此,10件商品的收益是11美元,其中2美元来自零售。因此,他总收入的2/11来自那个零售摊。

4. 答案是5枚,不是10枚!

5. 珠宝商想到的是切开6根链子中每条的一端链环,然后将它们熔接在一起,形成一根闭合的圆形长链子。这样确实要花6美元。但这6根链子中的每一根都只有5个链环,因此可以把任何一根链子的5个链环都切开,并使用这5个开口的链环将其余5根链子连接成一个圆。因此,这件活可以花5美元做成。

6. 那个乞丐是个女人。

7. 既然要么爱丽丝最大,要么莉莲最小,那么爱丽丝就不可能是最小的,因为如果她是最小的,那么爱丽丝就不可能是最大的,而莉莲也就应该是最小的。因此,爱丽丝不是最小的。既然不是爱丽丝就是梅布尔最小,那么梅布尔就是最小的了。因此,莉莲不可能是最小的,但要么她是最小的,要么爱丽丝是最大的,既然她不是最小的,那么爱丽丝就是最大的。因此,梅布尔是最小的,莉莲是中间的,爱丽丝是最大的。

8. 有4兄弟和3姐妹。

9. 答案是5只猫。

10. 常见的错误答案是 $1\frac{1}{10}$,而正确答案是 $1\frac{1}{9}$。让我们检验一下:$1\frac{1}{9}$ 的 $\frac{1}{10}$ 是 $\frac{1}{10} \times \frac{10}{9} = \frac{1}{9}$。因此那人磨的面粉是 $1\frac{1}{9}$ 蒲式耳,付费是这些面粉的 $\frac{1}{10}$,也就是 $\frac{1}{9}$ 蒲式耳,剩下的 $\frac{10}{9}$ 的 $\frac{9}{10}$ 留给自己,也就是一蒲式耳。

11. 德摩卡里斯一定已经60岁了。这个答案可以通过反复尝试得到,或者通过求解代数方程 $\frac{x}{4} + \frac{x}{5} + \frac{x}{3} + 13 = x$ 得到,其中 x 是他的年龄。

12. 想象这些正方形像棋盘一样红黑交替。被移除的两个对角方格的颜色是相同的——假设是红色。那么,现在黑色方格比红色方格多:32个黑色方格,只有30个红色方格。然而,每块诺骨牌会覆盖一个黑色方格和一个红色方格,因此被覆盖的黑色方格总数必定与被覆盖的红色方格总数相同。由于黑色方格比红色方格多,因此是不可能做到的!

这是我所知道的不可能做到某事的最简单、最简洁的证明之一。当然,如果把这两个对角方格放回去,而去掉任何两个相同颜色的方格,那也是不可能做到的。(我听说)已经有人证明,如果去掉两个不同颜色的方格,不管它们在哪里,都有可能找到覆盖的方法。

13. 男孩一句话也没说,劳埃德是一位腹语术表演者!

我做魔术师很多年了,知道各种巧妙的魔术秘诀。但我觉得这是我所知道的最聪明的魔术!有趣的是,一位上了年纪的绅士对劳埃德说:"你不应该让这个男孩那么紧张,这对他不好!"

14. *任何有限次倒来倒去都是不可能做到的!* 一开始,酒罐中酒的浓度明显高于水罐中酒的浓度。倒了第一次后,水罐里的酒比酒罐里的酒要稀。在下一次倒酒时,较稀的被倒入较浓的,因此水罐里的酒仍然比酒罐里的酒稀。然后将一些较浓的倒入较稀的,因此水罐里的酒仍然比酒罐里的酒要稀。在任何阶段,水罐里的酒都比酒罐里的酒要稀,因此在下一阶段,无论是往哪个罐子里倒,水罐里的酒仍然比酒罐里的酒要稀。

当然,这一分析是纯数学的,分析中假设了酒是一种完全均质的物质,而不是最终由离散的粒子组成的。就真实的物理世界而言,我不知道需要倒多少次才能使这两个罐子里的酒的浓度在*观测上*相同。

15. 让我们假设 A 是最聪明的那个。他的推理如下:"假设我的帽子是红色的。那么 B 就会知道他帽子的颜色,因为如果他也戴着红色的帽子,C 就不可能举手,因为举手表示 C 至少看到了一顶绿色的帽子。所以如果我的帽子是红色的,B 就会知道他的帽子是绿色的。但是 B 不知道他的帽子是绿色的,因此,我的帽子就不可能是红色的。我一定戴着绿色的帽子。"

16. 这个问题的逻辑要复杂得多。首先,很明显,C 没有看到 4 枚具有相同颜色的邮票,因为那样的话他就会知道自己额头上贴的是什么。C 也不可能在 A 或 B 两人中的一人额头上看到两枚红色邮票,在另一人额头上看到两枚绿色邮票。这是因为假设他在 B 额头上看到两枚红色邮票,在 A 额头上看到两枚绿色邮票。那么 C 就会知道自己额头上不可能是两枚红色邮票,因为那样的话 A 会看到 4 枚红色邮票,从而知道自己额头上贴的是什么。C 额头上也不可能贴着两枚绿色邮票,因为那样的话 B 就会看到 4 枚绿色邮票,从而知道自己额头上贴的是两枚红色邮票。

这证明了不可能发生 A 额头上的两枚邮票是同一颜色*而同时* B 额头上的两枚邮票也是同一颜色这种情况,这两个人中至少有一个人额头上必定贴着一红一绿。在 C 说他不知道自己额头上贴的是什么以后,A 和 B 都意识到了这一点,并且都意识到对方也意识到了这一点。

因此,在第二轮中,B 意识到如果他的两枚邮票颜色相同,那么 A 在第二轮就会知道自己的两枚邮票是一红一绿,而他不知道。因此,B 意识到自己的两枚邮票一定是一红一绿。

17. *第一步*。既然怀特先生的姐妹嫁给了海伦的兄弟的姐夫或妹夫,那么她就没有嫁给海伦的兄弟。此外,玛格丽特是怀特太太。基于这两个事实,我们就会明白,怀特先生的姐妹一定是海伦。

那么,海伦的兄弟要么娶了玛格丽特,要么娶了比阿特丽斯。如果他娶了玛格丽特,那么海伦的兄弟就是怀特先生(因为怀特先生娶了玛格丽特),在这种情况下海伦就是怀特先生的姐妹。另一方面,假设海伦的兄弟娶了比阿特丽斯,那么比阿特丽斯就不是怀特先生的姐妹(因为怀特先生的姐妹没有嫁给海伦的兄弟)。既然玛格丽特不是怀特先生的姐妹(她是他的妻子),那么怀特先生的姐妹一定是海伦。这证明海伦是怀特先生的姐妹。

第二步。海伦要么是布朗夫人,要么是布莱克夫人(因为玛格丽特是怀特夫人)。我们现在要表明的是,如果海伦是布朗夫人,那么她的丈夫必定是约翰,我们稍后将表明这是不可能的。

好吧,假设海伦是布朗夫人,那么比阿特丽斯就是布莱克夫人(因为玛格丽特是怀特夫人)。因此,比阿特丽斯既不是布莱克先生的姐妹,也不是怀特先生的姐妹(因为海伦是)。因此比阿特丽斯是布朗先生的姐妹。那么,亚瑟的姐妹不是比阿特丽斯(她比比阿特丽斯高),但布朗先生的姐妹是比阿特丽斯,因此亚瑟不是布朗先生。他也不是布莱克先生(威廉是),因此亚瑟就是怀特先生。那么约翰既不是怀特先生也不是布莱克先生(威廉是),于是他一定就是布朗先生。这样的话,根据我们假设,海伦是布朗太太,那么海伦的丈夫一定是约翰。

这证明,如果海伦是布朗夫人,那么她的丈夫就是约翰。

第三步。但是海伦的丈夫不可能是约翰,原因很有趣:

我们已经证明了海伦是怀特先生的姐妹(第1步)。并且我们得知海伦(她是怀特先生的姐妹)出生在1月份。因此,从海伦出生在1月份可知,她的丈夫就出生在8月份,海伦比她的丈夫恰好大26周。我们可以在日历上看到,这种情况唯一的可能是海伦出生在1月31日,而她的丈夫出生在8月

1日,*并且这两者之间没有2月29日*! 因此,海伦和她的丈夫不是在闰年出生的。但是约翰在1918年是50岁,因此他出生在闰年。因此,约翰不可能是海伦的丈夫。

但是我们看到(第二步),如果海伦是布朗太太,那么约翰就会是海伦的丈夫。既然他不是,那么海伦就不可能是布朗太太。而且,玛格丽特不是布朗夫人(她是怀特夫人),所以比阿特丽斯才是布朗夫人。

行　星　Og

"你叔叔自己创造过谜题吗?"亚历山大问。

"天哪,是的! 有很多呢!"巫师回答。

"他有没有发表过其中的一些呢?"亚历山大问道。

巫师说:"你让我想起了那个两位美国教授站在佛罗伦萨的耶稣雕像前的故事。'嘿,这是一位伟大的教师!'其中一位说。'是的,'另一位说,'但他什么都没有发表过!'

"这种对发表的痴迷! 不,我叔叔从未发表过任何他编撰的题目。不幸的是,他甚至从未把它们写下来。他会即兴创作,我想主要是为了逗我开心。然后他就会把它们完全忘掉。幸运的是,其中的许多我已经记住了。"

"你能告诉我们一些吗?"安娜贝尔问。

"当然可以,"巫师回答,"我现在想到了一组特殊的题目。它们都是关于一颗被我叔叔称为 Og 的行星的。"

"真的有这样一颗行星吗?"亚历山大问。

"我很怀疑,"巫师回答,"我相当确定这个名字是他虚构出来的。总之,我认为他受到了科幻小说的影响,特别是巴勒斯①的《火星公主》(*The*

————————————————

① 埃德加·赖斯·巴勒斯(Edgar Rice Burroughs, 1875—1950),美国科幻小说作家,他最著名的代表作是《人猿泰山》(*Tarzan of the Apes*)系列。——译注

Princess of Mars）一书。正如在巴勒斯的火星幻想中一样,我叔叔的 Og 星上居住着两个种族:绿色人种和红色人种。而且,那些出生在北半球的人,与出生在南半球的人有很大的不同。"

"他们有什么不同?"亚历山大问。

"嗯,"巫师回答,"这颗行星的奇妙之处在于,绿色的北方人总是说真话,红色的北方人总是撒谎,而绿色的南方人总是撒谎,红色的南方人总是说真话。"

"哦,天哪!"安娜贝尔说,"我能看出,这些谜题会非常复杂!"

"有些复杂,有些简单,"巫师回答,"让我们从一道简单的开始。"

以下是巫师回忆起的一些谜题。

1. 一个漆黑的夜晚

假设在一个漆黑的夜晚,你在街上遇到一个当地居民,你看不清他是红色还是绿色。而且你也不知道他来自哪个半球。你如何只问他一个以是或否来回答的问题就能确定他的肤色?

2. 另一个漆黑的夜晚

一位来自地球的旅行者访问了 Og 星,并在一个漆黑的夜晚在街上遇到了一个当地人。

"你是红色的吗?"他问。这个当地人没有回答。

"你是南方人吗?"旅行者问。这个当地人还是没有回答。

"你什么也不打算说吗?"旅行者问。

这个当地人在离开前回答说:"如果我对你的前两个问题的回答都是否定的,那么我至少撒了一次谎。"

有没有可能由此判定这个当地人是什么肤色的,以及他来自哪个半球?

3. 又一个漆黑的夜晚

还是一个漆黑的夜晚,一位来自地球的旅行者遇到了一个当地人,并问他:"你是红色的吗?"这个当地人说是的。然后旅行者又问他来自哪个半球。这个当地人回答说:"我拒绝告诉你。"说完就走开了。

这位当地人是来自哪个半球的？

4. 光天化日之下

在一个阳光明媚的日子里，一位来自地球的旅行者遇到了一个Og星的当地人。这个当地人说："我是一个绿色的北方人。"这位旅行者虽然擅长逻辑，却也无法推断出这个当地人是北方人还是南方人（尽管他当然看到了这个人的肤色）。

这个当地人是什么肤色的？

5. 一个逻辑问题

一个Og星人说"我是一个绿色的北方人"，和他分开说两句话——一句是他是绿色的，另一句是他是北方人——是有区别的。在一种情况下是无法推断出这个当地人的真实身份的，但在另一种情况下则可以推断出这个当地人的真实身份。在哪种情况下是可以推断的？在这种情况下，这个当地人的真实身份是什么？

6. 另一个逻辑问题

假设一个当地人说："如果我是绿色的，那么我就是南方人。"

由此能推断出他是什么肤色的吗？由此能推断他来自哪个半球吗？

7. 一对搭档

这道题中涉及Og星的两位居民，一个红色的北方人和一个南方人（可能是红色的，也可能是绿色的）。其中一个叫阿尔克（Ark），另一个叫巴尔克（Bark）。他们说了下面这些话——

阿尔克：我和巴尔克的肤色是相同的。

巴尔克：我和阿尔克的肤色是不同的。

他们哪一个在说真话？哪一个是北方人？那个南方人是什么肤色的？

8. 另一对搭档

两个名字分别叫奥尔克（Ork）和博尔克（Bork）的当地人说了下面这些话——

奥尔克：博尔克来自北方。

博尔克:奥尔克来自南方。

奥尔科:博尔克是红色的。

博尔克:奥尔克是绿色的。

奥尔克是什么肤色的?他来自哪里?博尔克呢?

9. 兄弟

Og星上的任何两个兄弟姐妹都必然具有相同的肤色,但不一定来自同一个半球。(可能母亲生了一个孩子,过了一段时间后,越过赤道生了另一个孩子。)但他们肯定具有同一种肤色。

阿尔格(Arg)和巴尔格(Barg)兄弟俩曾经说过下面这些关于他们自己的话——

阿尔格:我们出生在不同的半球。

巴尔格:这是真的。

他们是在撒谎还是在说真话?

10. 是兄弟吗?

在这一更为复杂的情况下,两个当地人奥尔格(Org)和博尔格(Borg)说了下面这些话——

奥尔格:博尔格来自北方。

博尔格:事实上我们俩都来自北方。

奥尔格:那不是真的!

博尔格:奥尔格和我是兄弟俩。

这两个人真的是兄弟俩吗?他们各自是什么肤色的?奥尔格来自哪里?博尔格呢?

11. 一场审讯

一个当地人因盗窃而受审。对于法庭来说,确定他是北方人还是南方人很重要,因为已经知道这起盗窃是一个北方人干的。辩护律师不想让人知道自己是什么肤色的,所以他戴着面具和手套出庭。令所有人惊讶的是,辩护律师声称自己和被告都是北方人。(人们本以为他会发表一份能证明被告无罪的声明!)令所有人更惊讶的是,当控方律师盘问辩护律师时,后者声称自己不是北方人。

你对此作何解释?能否确定辩护律师的肤色?能否判定嫌疑人是有罪还是无罪?

12. 他们是什么人?

两位居民A和B有着不同的肤色,并且来自不同的半球。他们说了下面这些话——

A:B是北方人。

B:A是红色的。

A和B各是什么肤色?他们来自哪里?

13. 斯纳尔是什么颜色?

一位名叫斯纳尔(Snarl)的南方人曾经声称,他无意中听到了A和B两兄弟之间的对话。在对话中,A说B是北方人,B说A是南方人。

斯纳尔是什么肤色的?

14. 又一对搭档

两个不同肤色的当地人A和B说了下面这些话——

A:B是北方人。

B:我们俩都是北方人。

A和B是什么人?

15. 是不是有一位国王?

人类学家阿伯克龙比曾造访过Og星,他想知道这颗行星上是不是有一位国王。于是,他与一位当地人进行了如下对话——

阿伯克龙比:我听说你曾经声称这颗行星上没有国王?这是真的吗?

当地人:不,我从来没有这样说过!

阿伯克龙比:好吧,那你有没有说过这颗行星上*确实*有一位国王?

当地人:是的,我是这样说过。

能否确定这个当地人是在说真话还是在撒谎?能否确定这颗行星上是

不是有一位国王？

16. 是不是有一位王后？

阿伯克龙比还想知道这颗行星上是不是有一位王后。当他遇到 A、B 两兄弟后，他知道了答案，这对兄弟说了下面这些话——

A：我是北方人，这颗行星上没有王后。

B：我是南方人，这颗行星上没有王后。

Og 星上究竟有没有王后？

17. 国王是什么肤色？

这道谜题是巫师的最爱之一。

Og 星的国王总是戴着面具和手套，他的臣民们一直不知道他的肤色。他的弟弟斯诺克公爵（Duke of Snork）也同样戴着面具和手套。

一天，阿伯克龙比来到王宫，国王和他的弟弟决定测试一下来访者的智力。首先，阿伯克龙比必须发誓，就算他知道了国王的肤色，他决不会告诉任何居民。然后他被领进一间房间，国王和他的弟弟都坐在里面——当然都戴着面具和手套，其中一人说："如果我是绿色的北方人，那么我就是国王。"接着另一人说："如果我是绿色的北方人，或者是红色的南方人，那么我就是国王。"

国王是什么肤色的？

解答

1. 一个会奏效的问题是："你是北方人吗？"如果他回答是肯定的，那么他就是绿色的；如果他的回答是否定的，那么他就是红色的。我把证明留给读者自己完成。

当然，旅行者问"你是绿色的吗？"也同样可以确定这个当地人是北方人还是南方人。这种情况有着相当好的对称性，要想知道这个当地人是不是绿色，你就要问他是不是北方人；要想知道他是不是北方人，你就要问他是不是绿色的。

2. 这个当地人实际上说的是他*可能是红色的*,*可能是南方人*(可能两者都是)——换言之,他不是绿色的北方人。因为绿色的北方人是不会撒谎的,所以不会这样说。而无论是绿色的南方人还是红色的北方人都不可能如实地说自己不是绿色的北方人。所以这个当地人一定是红色的南方人。

3. 当这个当地人说"我拒绝告诉你"时,他说的是真话,因为他确实拒绝告诉旅行者。因此,这个当地人是诚实的。因此,他的第一个回答是真的,所以他确实是红色的。既然他是一个诚实的、红色的人,那么他一定是个南方人。

4. 如果这个当地人是红色的,那么旅行者就会知道他是北方人(因为红色的南方人决不会自称是绿色的北方人),但既然他不知道,那么这个当地人就一定是绿色的(可能是一个说真话的绿色北方人,也可能是一个撒谎的绿色南方人)。

5. 如果一个当地人声称自己是一个绿色的北方人,那么由此只能推断出他不是一个红色的南方人,其他的就推断不出什么了。但如果一个当地人分成两句说:先声称自己是绿色的,然后又声称自己是北方人,那就完全不同了。因为假设他分开地说了这两件不同的事。那么,它们要么都是真的,要么都是假的。如果它们都是假的,那么他一定是红色的(因为第一句话是假的),而且他一定是南方人(因为第二句话是假的)。一个红色的南方人不可能说假话,因此这两句话必定都是真的。因此这个当地人是绿色的北方人。

6. 如果他是绿色的,那么他就是南方人,这种说法就等同于说他不是绿色的北方人。因此,这个当地人实际上是在声称他不是一个绿色的北方人。只有红色的南方人才可能这样说。(这一题实际上与第2题相同,只是措辞不同而已。)

7. 由于这两个人的说法不一致,因此一个说的是真话,另一个说的是谎话。那个红色的北方人一定在撒谎,因此那个南方人说的是真话,因此他一定是一个红色的南方人。所以这两个人确实具有一样的肤色,也就是说,阿尔克说的是真话,巴尔克说的是谎话。所以阿尔克是红色的南方人,巴尔克是红色的北方人。

8. 如果奥尔克的话是真的,那么博尔克就是一个红色的北方人;如果奥尔克的话是假的,那么博尔克就是一个绿色的南方人。无论是哪种情况,博尔克都撒了谎。因此,博尔克两次说的话都是假的,奥尔克是一个红色的北方人。因此,奥尔克撒了谎,所以他两次说的话都是假的,博尔克是一个绿色的南方人。

9. 如果他们真的来自不同的半球,那么我们就会面临一种不可能的情况,即*同一*肤色的北方人和南方人彼此说法一致,这是不可能的。所以他们在撒谎。

10. 由于奥尔格与博尔格说的话相互矛盾,因此其中一个在撒谎,另一个在说真话。假设博尔格说的是真话。那么这两个人就都是北方人(根据博尔格的第一句话),并且是兄弟俩(根据博尔格的第二句话)。因此,这两个人具有相同的肤色,而两个相同颜色的北方人说话不一致的情况是不可能出现的。因此,博尔格没有说真话,他撒了谎,诚实的是奥尔格。

那么,正如奥尔格如实说的,博尔格是一个北方人,但他们并不都是北方人(因为博尔格谎称他们都是北方人)。因此,奥尔格是南方人。因此,奥尔格是一个诚实的南方人,他必定是红色的;博尔格是一个撒谎的北方人,他也是红色的。奥尔格和博尔格不是兄弟俩(因为博尔格说他们是兄弟俩),即使他们的肤色相同。

11. 显然,辩护律师说的话不可能都是真的,因此他是个说谎者。由于他否认自己是北方人,因此他其实是北方人,而且一定是红色的北方人。既然他声称他和他的委托人都是北方人是假的,而且他是北方人,那么被告一定是南方人。因此被告无罪。

尽管辩护律师的行为很奇怪,但他并没有那么愚蠢,他帮助他的当事人被无罪释放。

12. 由于 A 和 B 的肤色不同,而且来自不同的半球,因此他们要么都在说真话,要么都在撒谎。假设他们说的话都是假的。那么,B 就会是南方人,而 A 就会是绿色的。这样 B 就会是红色的(因为 A 是绿色的),A 就会是北方人(因为 B 是南方人)。因此,我们就会有一个红色的南方人 B(和一个绿色的北方人 A)说了假话,而这是不可能的。因此,这两种说法必定都是真的。因此 B 是北方人,A 是红色的,所以 B 是绿色的北方人,A 是红色的南方人。

13. 如果斯纳尔的叙述是真的,我们会有以下矛盾:由于 A 和 B 是兄弟,因此他们是同一种肤色的。假设他们都是红色的。如果 A 是北方人,那么他就是一个红色的北方人。因此,他说的话是假的,而 B 实际上是一个南方人,一个红色的南方人,因此 B 是诚实的,不可能谎称 A 是南方人。另一方面,如果 A 是南方人,他就是一个红色的南方人。因此,他说的话是真的,而 B 确实是一个北方人,一个红色的北方人,因此 B 是不诚实的,然而他却如实地说了 A 是南方人,这是不可能的。因此兄弟俩不可能是红色的。通过对称的论证可以表明他们也不可能是绿色的,我们留给读者自己去完成这一论证。

看待这件事的另一种方式(我认为这种方式更具启发性)是首先意识到,如果在任何一块土地上的每一个居民要么一直说真话,要么一直撒谎,那就不可能出现居民 X 说居民 Y 在撒谎,而 Y 说 X 在说真话的情况(因为这样一来,Y 就同意了 X 说 Y 在撒谎这一说法,这是说真话的人和撒谎的人都不可能做到的)。现在,在这个问题中,由于 A 和 B 是同一种肤色,因此如果 A 说 B 是北方人,B 说 A 是南方人,那么其中一个实际上在说另一个是撒谎者,而另一个实际上在说第一个为诚实的。(如果他们是红色的,那么 A 实际上在说 B 是撒谎者,而 B 实际上在说 A 是诚实的。如果他们是绿色的,则反过来。)但这是不可能发生的。

无论如何,斯纳尔的说法都是假的,既然他是南方人,那么他一定是绿色的。

14. 假设 B 说了真话。那么这两个人都是北方人,因此,A 说 B 是北方人的说法是真的。于是我们就有两个*不同肤色*的北方人都说真话,而这是不可能的。因此 B 没有说真话,所以他们之中至少有一个是南方人。假设 B 是北方人,那 A 就一定是南方人。而且,A 说 B 是北方人,这是真话,因此 A 必定是一个红色的南方人,而 B 就会是绿色的,这样我们就有绿色的北方人撒了谎,而这是不可能的。因此,B 不是北方人,而是南方人。既然 B 是南方人并且撒谎,那么他一定是一个绿色的南方人。另外,既然 B 是南方人,A 就撒了谎,A 是红色的(因为 B 是绿色的)。因此,A 是一个红色的北方人。

所以 A 是红色的北方人,B 是绿色的南方人,这两个人都撒了谎。

15.　不能确定这个当地人是在说真话还是在撒谎,但可以确定是不是有一位国王。

假设这个当地人是诚实的。那么他真的曾经说过这颗行星上有一位国王,而他的说法一定是真的,所以这颗行星上确实有一个国王。

另一方面,如果这个当地人是个说谎者,那么他从来没有说过没有国王这一点就不是真的。因此,他确实曾经说过没有国王,而由于他是一个说谎者,因此这一说法是假的。因此,一定有一位国王。

因此,不管这个当地人是否诚实,这颗行星上确实有一位国王。

16. 这两兄弟是同一肤色的。假设他们是红色的。那么 A 说的话就不可能是真的,因为如果是真的,那么 A 就必定是北方人(正如他所声称的那样),我们就会有一个红色的北方人说了真话,而这是不可能的。因此,A 说的话是假的。因此,A 是红色的,并且说了假话,所以 A 是北方人。因此,如果那颗行星上没有王后,那么 A 是北方人并且没有王后就会是真的。因此 A 说的话终究就会是真的,而事实并非如此! 这证明,如果这两兄弟是红色的,那么这颗行星上一定有一位王后。

通过对称的论证,用 B 的陈述代替 A 的陈述,如果兄弟俩都是绿色的,那么这颗行星上也一定有一位王后。所以这颗行星上确实有一位王后。

17. 设 A 是第一个说话的人,B 是第二个说话的人。A 说的话一定是真的吗？或者说，如果 A 是一个绿色的北方人，那么他一定是国王吗？好吧，假设他是一个绿色的北方人。那么他就是诚实的，所以正如他所说，如果他是一个绿色的北方人，他就是国王，这确实是真的。这证明，如果他是一个绿色的北方人，那么他就是国王。由于他正是那样说的，因此他是诚实的。现在我们知道了 A 是诚实的。但是，并不能由此推断出 A 一定是国王。我们所知道的只是，如果他是一个绿色的北方人，那么他就是国王。但我们不知道他是不是一个绿色的北方人。（我们知道他是诚实的，但他也可能是一个红色的南方人。）

现在，有了 B 的说法，情况有所不同了。同样，B 说的话也必定是真的，这是因为如果他是绿色的北方人，或者是红色的南方人，那么他说的话就必定是真的。因此，如果他是绿色的北方人或者是红色的南方人，那么他就必定是国王这一点就会是真的。因此，如果他是绿色的北方人，或者是红色的南方人，那么他就是国王。既然他说了这句话，那么他就是诚实的。因此，他必定要么是绿色的北方人，要么是红色的南方人。但我们已经知道，如果他是绿色的北方人，或者是红色的南方人，那么他也一定是国王。这就证明他是国王。

既然 B 是国王，那么 A 就不是国王。因此 A 不可能是绿色的北方人（因为如果他是的话，那么他就会是国王，正如我们已经证明过的那样）。既然 A 不是绿色的北方人，但是他是诚实的，那么 A 一定是红色的南方人。既然 A 是红色的，那么他的兄弟，也就是国王，也是红色的。因此，国王是红色的。（他的兄弟也一样，是一个红色的南方人。）

第 10 章

元　谜　题

·1·

"这是关于 Og 星的另一道谜题。它属于一种非常特殊的类型，"巫师说，"也许称之为元谜题比较合适。"

"这颗行星上的一个本地人自称是一个已婚的北方人。如果我告诉你们他是什么肤色的，这些信息足够你们推断出他是否已婚吗？"

安娜贝尔和亚历山大开始研究这道题，过了一会儿，亚历山大说："我们不知道，没有办法分辨。"

"你说得对，"巫师说，"现在我要告诉你们的是，如果我告诉你们这个当地人的肤色，那么你们就会有足够的信息来确定他的婚姻状况了。"

"太好了！"安娜贝尔说，"现在我知道这个当地人是否结婚了。"

这个当地人结婚了吗？

2. 另一道元谜题

"这是关于 Og 星的另一道元谜题。"巫师说。

一位来自我们这颗行星的逻辑学家拜访了 Og 星，在一个漆黑的夜晚遇到了一个当地人，逻辑学家问他是不是一个绿色的北方人。这个当地人回答了（肯定的或否定的回答），但逻辑学家无法从他的回答中分辨出他是什么人。

另一位逻辑学家在另一个漆黑的夜晚又遇到了这位当地人,并问他是不是一个绿色的南方人。这个当地人回答(肯定的或否定的回答),但这位逻辑学家也无法确定他是什么人。

在又一个漆黑的夜晚,第三位逻辑学家再次遇到了这位当地人,并问他是不是一个红色的南方人。这个当地人回答了(肯定的或否定的回答),但这位逻辑学家同样不知道他是什么人。

"他是什么人?"巫师问道。

3. 一道元元谜题

"我很喜欢刚才的两道谜题,"安娜贝尔说,"但你为什么把它们叫作元谜题呢? 这个词是什么意思?"

"这个词是我叔叔发明的,"巫师回答,"元谜题可以说是关于谜题的谜题。要解答一道元谜题,其基础是要知道其他某一道或某几道谜题能不能解答。这类谜题可能相当复杂!"

"有些谜题还要更深一层,只有知道某些元谜题是否能解答,才能解答这些谜题! 我叔叔把这类谜题称为元元谜题。我的叔叔是创造这些谜题的大师。"

"你能给我们举一个元元谜题的例子吗?"亚历山大问。

巫师想了一会儿。"好吧,"他说,"我叔叔曾经给我讲过一道元谜题,说的是一位逻辑学家访问了 Og 星,在一个漆黑的夜晚遇到了一个当地人,他想知道这个当地人是否诚实。于是,他问这个当地人属于这四类人中的哪一类(绿色的北方人、红色的北方人、绿色的南方人、红色的南方人),然后这位当地人说了这四类中的一类,并说自己就属于那一类。"

"哦,"安娜贝尔说,"那么,这位逻辑学家是否能依此断定这个当地人是否诚实呢?"

"问得好,"巫师回答,"我当时就是这么问我叔叔的。"

"他回答你了吗?"亚历山大问。

"回答了。"

第一个回答是否定的,那么这位逻辑学家会知道这个当地人是一个红色的南方人,但是既然他不知道,那么这个当地人的回答就不是否定的,因此他不是一个红色的南方人。另外,这个本地人也不是一个红色的北方人(因为第二位逻辑学家不知道),他也不是一个绿色的北方人(因为第三位逻辑学家不知道)。因此,这个当地人是一个绿色的南方人。

3. 我们让读者自己来验证以下 4 个简单事实。

(1) 如果一个本地人声称自己是一个绿色的北方人,那么他可能是绿色的北方人、红色的北方人或绿色的南方人(但不可能是红色的南方人)。

(2) 如果一个本地人声称自己是一个红色的北方人,那么他只可能是绿色的南方人。

(3) 如果他声称自己是一个红色的南方人,那么他可能是红色的南方人、绿色的南方人或红色的北方人(但不可能是绿色的北方人)。

(4) 如果他声称自己是一个绿色的南方人,那么他只可能是红色的北方人。

因此,如果这个当地人要么声称自己是绿色的北方人、要么声称自己是红色的南方人,这时这位逻辑学家就无法知道他可能是 3 类人中的哪一类,在此情况下,这位逻辑学家无法知道这个当地人是否诚实。

另一方面,如果这个当地人声称自己要么是一个红色的北方人,要么是一个绿色的南方人,那么这位逻辑学家就会知道这个当地人在撒谎——实际上,他甚至会知道这个当地人是红色的北方人还是绿色的南方人(无论他自称是哪一类,那他就一定是另一类)。所以简而言之,如果这位逻辑学家能够确定这个当地人是否诚实,那么这个当地人就一定是撒谎了,但是如果这位逻辑学家不能确定他是否诚实,那么这个当地人可能撒了谎,也可能说了真话——这是无法分辨的。

然而,巫师的叔叔告诉了他,这位逻辑学家的探究(确定这个当地人是否诚实)是否获得了成功。如果叔叔的回答是肯定的,那么巫师就会知道这个当地人一定在撒谎,但是如果叔叔的回答是否定的(即如果叔叔告诉巫师,这位逻辑学家不知道),那么巫师就无法知道这个当地人是否诚实。他所知道的只是,这个当地人要么声称自己是一个绿色北方人(因此肯定不是红色的南方人),要么声称自己是一个红色的南方人(因此肯定不是绿色的北方人)。

此时,我们知道如果巫师解出了他叔叔给他的这道元谜题,那么这个当地人一定是个说谎者,但是如果巫师没有解出他的这道元谜题,那么就无从判断这个当地人是不是一个说谎者。但巫师进一步告诉我们(或者更确切地说是告诉他的两个学生),如果知道巫师是否解出了他的元谜题,就足以确定这个当地人是否诚实。那么,知道巫师*没有*解出这道元谜题这一信息是不够的,而知道他*确实*解出了这道元谜题就够了。因此,巫师一定是解出了他的这道元谜题,因此这个当地人一定撒了谎。

总之,这个当地人撒了谎。巫师知道这个当地人撒了谎,但无法确定他是两类说谎者中的哪一类,而这位逻辑学家不仅知道这个当地人撒了谎,还知道了他究竟是红色的北方人还是绿色的南方人(尽管我们无法知道这一点)。

4. *第1步*。让我们看看我们能从第一位逻辑学家的遭遇中知道些什么。A对逻辑学家的第一个问题给出了肯定或否定的回答。

情况A1。他给出了肯定的回答,即A确认了B曾经称他(A)为无赖。如果A是一位骑士,那么B确实曾经声称A是无赖,那么B一定是无赖。因此,A和B不可能都是骑士。另一方面,如果A是一个无赖,那么B可能是骑士也可能是无赖,而且没有办法判断是骑士还是无赖(由于B当时没有说这样的话,因此对于B不能推断出什么)。所以在这个阶段,逻辑学家只会知道A和B不都是骑士。

情况A2。A给出了否定的回答,即A否认了B曾经称他(A)为无赖。当然,A可能是骑士,B可能是骑士也可能是无赖,但如果A是无赖,那么B就一定是骑士(因为如果A的否认是假的,而B确实曾经称A为无赖,所以B一定是骑士)。所以在这种情况下,逻辑学家在这一阶段只会知道A和B不都

是无赖。

第 2 步。现在,对逻辑学家第二个问题的回答将表明 A 和 B 是否属于同一类型,因为如果一个本地人确认了另一个本地人是无赖,那么他们一定属于不同类型(一位骑士不会声称另一位骑士是无赖,一个无赖也不会声称另一个无赖是无赖),而且如果一个本地人确认了另一个本地人是骑士,那么他们一定属于同一类型。因此,在第二个问题得到回答之后,这位逻辑学家就会知道这两个本地人是否一样(属于同一类型)。如果他发现他们是一样的,那么不论情况 A1 或情况 A2 是否成立,他都会知道他们各自是哪一类人,因为在情况 A1 中,他会知道他们是一样的,但不都是骑士,因此都是无赖,在情况 A2 中,他会知道他们都是骑士。所以,不管 A 的第一个回答是什么,如果第二个回答表明这两个人是一样的,那么这位逻辑学家可以解出此题。另一方面,如果第二个回答表明 A 和 B 属于不同的类型,那么无论是在情况 A1 还是情况 A2 中,这位逻辑学家都不可能知道 A 或 B 中的哪一个是骑士,哪一个是无赖。因此,我们就证明了:

(1)如果这两个人属于同一类型,那么第一位逻辑学家就已经解出了此题。

(2)如果这两个人属于不同类型,那么第一位逻辑学家就没有解出这道题。

第 3 步。现在我们考虑第二位逻辑学家的遭遇。这一次,A 在回答第一个问题时,要么确认、要么否认了 B 曾经声称他们俩都是无赖。

情况 B1。假设 A 确认了 B 曾经声称过他们俩都是无赖。如果 A 是一位骑士,那么 B 一定是无赖。如果 A 是一个无赖,那么 B 可能是骑士也可能是无赖。所以在这种情况下第二位逻辑学家只知道 A 和 B 不都是骑士。

情况 B2。假设 A 否认了 B 曾经声称过他们俩都是无赖。那么 A 不可能是一个无赖,因为如果他是的话,那么 B 确实曾经声称过他们俩都是无赖,而这是不可能的(因为如果 B 是一位骑士,他不会说这样的假话,而如果 B 是一个无赖,他决不会说出两人都是无赖这个真实的事实)。所以,A 必定是一位骑士;B就确实从来没有说这样的话,因此B可能是骑士也可能是无赖。因此,如果发生的是情况B2,那么第二位逻辑学家只会知道(他也会知道这一点)A是一位骑士。

第4步。 现在,假设在这第二位逻辑学家的第二个问题得到回答之后,他就知道了A和B是否属于同一类型。假设他发现他们属于同一类型。那么,他一定已经解出了此题(在情况B1中,他会知道两人都是无赖,在情况B2中,他会知道两人都是骑士)。另一方面,假设他发现他们属于不同类型。那么在情况B1中,他是无法解出此题的(他会知道两人不都是骑士,也知道他们属于不同类型,但他无法知道哪个是哪个),而在情况B2中,他会知道A是骑士,B是无赖(因为他会知道A是骑士,并且两人属于不同类型)。这证明了如果A和B属于不同类型,那么他能解出此题的唯一情况就是A是骑士,B是无赖(因为如果A和B属于不同类型,那么正如我们已经看到了,情况B1不可能成立,或者该逻辑学家不会解出此题),因此情况B2必定成立,因此逻辑学家知道A是骑士,B是无赖。

这样,我们就证明了以下几点:

(3)如果A和B属于同一类型,那么第二位逻辑学家已解出此题。

(4)如果A和B属于不同类型,那么第二位逻辑学家解出问题的唯一情况就是A是骑士,B是无赖。

第5步。 现在我们已经有了所有必要的线索!假设A和B属于同一类型。那么根据(3),第二位逻辑学家解出了此题,而根据(1),第一位逻辑学家也解出了此题。给定的条件是只有一位逻辑学家解出了此题,因此这与给定条件发生了矛盾。因此A和B属于不同类型。

既然A和B属于不同类型,那么根据(2),第一位逻辑学家就没有解出此题,因此第二位逻辑学家解出了此题。综上所述,根据(4),A是骑士,B是无赖。

5. 我们必须考虑所有的四种可能的情况:这两位律师中的哪一位回答了这个问题,以及各自向法官表明了自己是骑士还是无赖。

第11章

机器人之岛

　　巫师和他的朋友安娜贝尔和亚历山大早早休息,凌晨就起床,起航前往机器人岛。他们到达的时候,太阳刚刚升起。午饭前的那段时间,他们四处走动,观察那里发生的一些奇怪的事情。这个岛是安娜贝尔和亚历山大一生中去过的最嘈杂的地方。那种叮叮当当、呼呼嘭嘭、咔哒咔哒的声音几乎令人无法忍受。还有发生的那些事情! 整个岛上到处都是来来往往的金属机器人,有些显然是在漫无目地移动,另一些在利用散落在周围的各种零件制造新的机器人,还有一些则是在拆卸机器人,拆下来的这些零件通常用于制造其他机器人。每个机器人都佩戴着一个标签,上面是一串大写字母。安娜贝尔和亚历山大起初认为这些字母只是用来识别身份的,但后来发现它们是一个*程序*,决定了这个机器人应该做什么——它是漫无目地四处走动,还是造出其他机器人,或者是成为一个拆卸机器人。如果它能造出其他机器人的话,那么这些新机器人会有什么程序;如果它是一个拆卸机器人的话,它会拆卸什么机器人。

　　有一件事让这对夫妇感到非常奇怪:他们看到一个机器人捡起了一堆零件,然后造出了一个看起来与它的创造者一模一样的机器人。事实上,连程序都一样。由于具有相同的程序,因此这个复制品又造出了自己的一个复制品,而这个复制品又造出了自己的一个复制品,而这个复制品又造出了自己的一个复制品（事实上，它是用它的"曾祖父"的零件造出来的，此时它的"曾祖父"已经被拆掉了）。事实上，这一过程可以永远持续下去，除非有什么事情阻断它。

接下去，这对夫妇看到了另一件奇怪的事情：一个叫 x 的机器人造出了一个机器人 y，y 与 x 完全不同，然后 y 又造出了 x 的一个复制品，然后这个 x 的复制品又制造出了 y 的一个复制品，这个周期为 2 的循环可以永远持续下去！

然后他们看到了一个周期为 3 的循环：x 造出了 y，y 造出了 z，z 造出了 x 的一个复制品，x 的这个复制品造出了 y 的一个复制品……

接着，他们看到了一件非常令人不安的事情。机器人 x 造出了一个机器人 y。当 y 完成后，它做的第一件事就是摧毁了它的创造者。这种极端的忘恩负义令这对夫妇感到非常震惊。

然后他们看到一个机器人 x 拆掉了一个机器人 y。后来，y 被重新组装起来，它遇到了 x，并立即拆掉了 x。过了一段时间，x 被重新组装起来，并拆掉了 y，而这也可以永远持续下去！

接着，他们看到两个外形迥异的机器人 x 和 y，它们快速走向对方，并立即开始拆卸对方，很快就只剩下一堆零件了。

然后他们看到一个机器人 x 造出了一个机器人 y，y 造出了一个机器人 z，然后 z 拆掉了 x。因此，x 就被它自己的"孙子"拆掉了！

接着，他们看到了一件非常令人伤心的事情：一个"自杀"机器人拆掉了它自己，只剩下一堆零件。（在拆卸的某个阶段，这个机器人按下了一个按钮，结果剩下的零件就完全散开了。）然后另一个机器人过来重新组装了这个被拆掉的机器人，但是当第二个机器人离开后，由于第一个机器人的程序仍然跟原来一样，因此它又把自己拆掉了。这个可怜的机器人看来是没有希望了。如果它再次被重新组装起来，并且仍然具有与原来相同的程序，那么它将不得不再次自我毁灭。具有这一程序的机器人不可能稳定存在的。

"我被这一切完全弄糊涂了，"安娜贝尔说，"我不知道这里究竟在发生什么!"

"我也不知道。"亚历山大说。

"哦,今天下午你们就会知道的,"巫师说,"这个岛上有几个机器人站,每个站都有自己的编程系统。午餐后,我们将参观一些主管工程师的实验室。他们会向你们解释他们的系统。"

I.　查尔斯·罗伯茨的系统

在由老练的机器人们烹饪并端上来的一顿美味午餐后,巫师带领我们的这两个朋友去了东北站,那里的站长是一个和蔼可亲的人,名叫查尔斯·罗伯茨(Charles Roberts)。巫师把他的两位学生介绍给罗伯茨之后就告辞了,解释说他在岛上有些事情要处理。

"现在来看看我的系统的细节,"罗伯茨微笑着说,"正如你们所观察到的,每个机器人都标有一串字母。这些字母构成了一个程序,决定这个机器人会做什么。

"让我向你们解释一下我的术语和符号,"他继续说,"我说的一个表达式或一个字母组合,指的是由大写字母构成的任何字符串,例如,MLBP是一个表达式;LLAZLBA也是;像G这样的单个字母也是。我使用像x、y、z、a、b、c这样的一些小写字母来代表特定的大写字母字符串,xy是指字母组合x后面跟着字母组合y。例如,如果x是表达式MBP,y是表达式SLPG,那么xy就是表达式MBPSLPC。此外,Ax是AMBP;xA是MBPA;GxH是GMBPH;CxLy是CMBPLSLPG。你们明白了吗?

他的两位访客毫不费劲地领会了这一点。

"现在,"罗伯茨解释道,"我的编程系统是基于这样的想法:某些表达式是其他表达式的名称。关于表达式的命名,我有两条规则。我的第一条规则是:

规则Q。对于任何表达式x,表达式Qx命名了x。

"因此,例如,QBAF命名了BAF;QQH命名了QH;QDCD命名了DCD。

"我们可以将Qx称为x的**主名**(*principal name*),但是,正如你们将会看到的,表达式x也可能有其他名称。我的第二条命名规则如下:

规则R。如果x命名了y,那么Rx就命名了yy。

"例如,因为QB命名了B,所以RQB命名了BB。或者,因为QBR命名了BR,RQBR命名了BRBR。一般而言,对于任何表达式x,因为Qx命名了x,所以表达式RQx命名了xx。不要犯一个常见的错误,认为Rx命名了xx,一般来说不是这样的。命名xx的是RQx。

"我将规则R称为**重复规则**(*repetition rule*),因为对于任何x,表达式xx被称为x的**重复**(*repeat*)——因此,ABCABC是ABC的重复。因此规则R告诉我们,如果x命名了y,那么Rx就命名了y的重复。

"来看看你们是否掌握了这些规则,RRQBH命名了什么?"

亚历山大想了一会儿说:"它命名了BHBHBHBH。"

"为什么?"罗伯茨问道。

"因为RQBH命名了BHBH,因此RRQBH就必定命名了BHBH的重复,即BHBHBHBH。"

"很好!"罗伯茨说。

"你之前说过,"亚历山大说,"一个表达式可以有多个名称。怎么会这样呢?"

"哦,"罗伯茨说,"例如,xx以RQx为一个名称,Qxx为另一个名称。两者都命名了xx。或者,Qxxxx命名xxxx,RQxx也命名xxxx,而RRQx也命名xxxx。因此,Qxxxx、RQxx、RRQx是同一表达式的三个不同名称。"

"哦,当然!"亚历山大说。

"这一切与一些机器人造出其他机器人有什么关系呢?"安娜贝尔问。

"哦,我的创造规则很简单,"罗伯茨说,"请记住,当我们说x造出y时,我们的意思是任何具有程序x的机器人都会造出具有程序y的机器人。以下是我的创造规则。

规则 C。如果 x 命名了 y,那么 Cx 造出 y。

"因此,对于任何 y,机器人 CQy(也就是任何具有程序 CQy 的机器人)造出机器人 y(具有程序 y 的机器人)。

"从我们的 3 条规则来看,CRQx 造出 xx(因为 RQx 命名了 xx),而 CRRQx 造出 xxxx(因为 RRQx 命名了 xxxx)。现在来看一些有趣的应用。"

·1·

"你在这个岛上见过一些自生机器人吧? 就是可以造出自己的复制品的那些机器人。"

"哦,是的!"安娜贝尔说。

"好的,你现在能给我那种机器人的一个程序吗? 也就是说,你能找到一个 x,使得 x 造出 x 吗?"

·2·

在这对夫妇向罗伯茨给出了他们的解答后,罗伯茨说:"很好。"

"现在,"他继续说,"在我们讨论更多关于创造的问题之前,有一些关于命名的基本原则你们应该掌握。首先,你能找到某个命名自己的 x 吗?"

·3·

"非常好,"罗伯茨说,"你能找到另一个命名自己的 x 吗? 还是说只有一个这样的 x?"

·4·

"你之前说过,"亚历山大说,"一般来说,Rx 不命名 xx。会不会出于某种巧合,Rx 恰好确实命名了 xx? 也就是说,是否存在任何这样的 x,使得 Rx 命名了 xx?"

"这是一个多么奇怪的问题啊,"罗伯茨说,"我以前从未想过。现在让我们来看看。"

这时,罗伯茨拿出铅笔和纸,做了一些计算。"是的,"过了一会儿他说,"确实碰巧有这样一个表达式 x。你能找到它吗?"

5. 更多奇趣问题

"如果你们喜欢奇趣问题,"罗伯茨说,"知道以下事实可能会让你们觉得有趣:对于以下每一个条件,都有某一x满足该条件。

(a) Rx命名了x。

(b) RQx命名了QRx。

(c) Rx命名了Qx。

(d) RRx命名了QQx。

(e) RQx命名RRx。

"但这些只是奇趣问题,"罗伯茨补充道,"它们在我所知道的机器人编程方面没有任何应用。如果你因为谜题本身而喜欢它们,不管其实际应用如何,那么你在闲暇时间解解这些题可能会得到乐趣。"

一些固定点原理。 "我们看到一些机器人在摧毁另一些,"亚历山大说,"你为这些机器人提供程序吗?"

"不,"罗伯茨回答,"摧毁程序是我的弟弟丹尼尔·昌西·罗伯茨(Daniel Chauncey Roberts)负责的,他也是这个岛上的一位机器人工程师。他的程序非常有趣,你们今天应该特地去拜访他一下。"

"现在,我将告诉你们一条基本原则,它是我们兄弟俩的许多程序的基础。"

6. 固定点原理

"给定一个表达式a,如果x命名了ax,那么我们就称x为a的一个*固定点*。(请记住,就像x和y一样,a代表任何给定的大写字母组合。)

"固定点原理是指每个表达式a都有一个固定点。此外,对于给定的任何表达式a,都有一个简单的诀窍,以此能找到a的一个固定点。你能证明固定点原理并帮我找到这个诀窍吗? 例如,当x是什么时,x命名了ABCx?"

· 7 ·

"存在着自生机器人这一事实就是固定点原理的一个应用。你能明白为什么吗? 不明白吗? 让我把这件事情说得更确切些。假设我们考虑另一个命名系统,其中规则 Q 和规则 R 被其他命名规则所取代,并且我们也有这样的规则:如果 x 命名了 y,那么 Cx 就造出 y。如果这另一个命名系统也具有固定点属性——如果对于每个表达式 a,都有某个 x 命名了 ax 的话——那就必定存在着自生机器人。你知道为什么吗?"

· 8 ·

"作为固定点原理的另一个应用,"罗伯茨说,"一定存在某个 x,它命名了 xx。你能找到这样的一个 x 吗? 另外,对于任何表达式 a,一定存在某个 x,它命名了 axax。你能明白为什么吗?"

· 9 ·

"作为进一步的应用,请找到一个造出 xx 的 x。"

· 10 ·

"现在请证明,对于任何表达式 a,都存在着某个造出 ax 的 x。在给定表达式 a 的情况下,找出求得这样的 x 的一个诀窍。这个诀窍会有一些进一步的应用,我将称之为 C 诀窍。"

11. 双固定点原理

"作为固定点原理的另一个应用,对于任何表达式 a 和 b,都有表达式 x 和 y,使得 x 命名 ay,y 命名 bx。我将其称为双固定点原理。事实上,在给定 a 和 b 的情况下,有两种不同的方法来找到 x 和 y。我将这些诀窍称为*双固定点诀窍*。是哪两个诀窍?"

· 12 ·

"我看到两个外观截然不同的机器人,"安娜贝尔说,"它们各自都能造出对方。你的程序可能产生这样的情况吗?"

"当然,"罗伯茨说,"你现在应该能找到这样的 x 和 y 了。它们是什么?"

· 13 ·

"也有可能,"罗伯茨说,"找到表达式 x 和 y,使它们彼此命名,但它们是不同的。你能找到它们吗?"

· 14 ·

"还可以找到 x 和 y, 使 x 造出 y, 而 y 命名 x。对此有两种解答。你能把它们都找到吗?"

· 15 ·

"还有一条三固定点原理,"罗伯茨说,"给定任意 3 个表达式 a、b、c,则有表达式 x、y、z,使得 x 命名 ay,y 命名 bz,而 z 命名 cx。有 3 个不同的诀窍可以找到它们。"是哪 3 种诀窍?

· 16 ·

"现在请找到表达式 x、y、z,使得 x 造出 y,y 命名 z,z 造出 x。我只需要一种解答就可以了。"

在这对夫妇解答了最后一道题后,罗伯茨说:"现在,我认为你们已经为拜访我的弟弟丹尼尔做好准备了。"

然后他告诉了他们前往丹尼尔的实验室的路,在道谢之后,夫妇出发去拜访了另一位罗伯茨教授。

II. 丹尼尔·昌西·罗伯茨的系统

"正如我哥哥告诉你们的,"丹尼尔说,"我有摧毁其他机器人的机器人程序。我也有造出其他机器人的机器人程序。"

"如果任何一个标记为 x 的机器人摧毁了任何一个标记为 y 的机器人,那么我就说 x 摧毁了 y。现在,我的创造规则和我哥哥的那些完全一样。至于摧毁规则,我只需要一条,即:

规则 D。如果 x 造出 y,那么 Dx 摧毁 y。

"例如,如果 x 是一个任意表达式,那么 DCQx 摧毁 x,这是因为 CQx 造出 x。同样,DCRQx 会摧毁 xx,因为 CRQx 造出 xx。"

·17·

　　"如果 x 和 y 是同一表达式,而 x 摧毁 y,"安娜贝尔问,"那会发生什么呢? 换句话说,假设 x 摧毁 x。这是否意味着机器人 x 会摧毁自己?"

　　"没错!"丹尼尔说,"这样的机器人我们称之为*自杀机器人*。现在,你能帮我找到一个 x,使得机器人 x 会自杀吗?"

　　"这是显而易见的,"亚历山大说,"我们已经知道如何找到一个 x,使得 x 造出 x,那么 Dx 就是自灭的。"

　　"不是这样!"丹尼尔说,"如果 x 是自生的,那么 Dx 就会摧毁 x,但这并不意味着 Dx 会摧毁 Dx,而这才是我们想要的。"

　　"哦,当然!"亚历山大说。

　　正确的解答是什么?

·18·

　　"另一条有用的原理是,"丹尼尔说,"对于任何表达式 a,都有某个 x 会摧毁 ax。你能给我一种诀窍吗? 我称之为 D 诀窍。"

·19·

　　"对于一个任意表达式 a,都有某个 x 会摧毁 ax 的重复(也就是说,x 摧毁 axax),这一点也是确实的。你知道是为什么吗?"

·20·

　　"我们还看到了另一个悲惨的情况,"安娜贝尔说,"我们看到一个机器人 x 造出了一个机器人 y,然后 y 忘恩负义地摧毁了它的创造者机器人 x。你们的系统提供了这样的一个程序吗?"

　　"是的,的确如此,"丹尼尔回答,"你应该能够找到一个 x 和某个 y,使得 x 造出 y,而 y 摧毁 x。事实上,有两种解答。"是哪两种解答?

·21·

　　"我们还看到两个截然不同的机器人在互相摧毁,"亚历山大说,"你的系统是否也提供这样的程序?"

　　"当然,"丹尼尔回答,"存在着某个 x 和某个与 x 不同的 y,使得 x 和 y 相互摧毁。"

解答是什么?

· 22 ·

"我们还看到了别的事情,"安娜贝尔说,"我们看到一个机器人 x 造出了一个机器人 y,而机器人 y 又造出了一个机器人 z,然后机器人 z 摧毁了 x。"

"这在我的系统中可以做到,"丹尼尔说,"试着找到这样的一组 x、y、z。"(实际上,有不止一种解答。)

朋友和敌人。 "我观察到,"亚历山大说,"有一些机器人的标签以 F 开头,还有一些以 E 开头。这两个字母有什么特别的意义吗?"

"哦,是的,的确如此!"丹尼尔回答,"你看,我们的机器人已经形成了各种各样的友好和敌对。如果 x 造出 y,那么 Fx 就是 y 的朋友,Ex 就是 y 的敌人。而且,y *最好的*朋友是 FCQy,y 最大的敌人是 ECQy。"

"这导致了一些有趣的结果,"丹尼尔说,"我会给你举几个例子。"

· 23 ·

"如果一个机器人是自己的朋友,那么它就被称为*自恋机器人*。"丹尼尔继续说,"有一个 x 是自恋机器人。你能找到它吗?"

"此外,还有一个以自己为敌人的机器人 x 的程序。这样的机器人被称为*神经质机器人*。如果你能找到一个自恋机器人的程序,那么当然你也能找到一个神经质机器人的程序。"

· 24 ·

"x 显然不可能成为自己*最好的*朋友(没有任何 x 能等同于 FCQx),但存在着一个 x,它能造出自己最好的朋友。找到一个这样的 x。"

· 25 ·

"现在请找到一个 x,使它能摧毁它最大的敌人。"

"当然,"丹尼尔继续说,"肯定还有某个 x,它摧毁它最好的朋友——只要在刚才那题的解答中用 F 代替 E 就行了。"

"怎么会有任何机器人会想做摧毁它最好的朋友这样一件可怕的事情呢?"安娜贝尔十分震惊地问道。

"不幸的是,我们的一些机器人是疯子。"丹尼尔回答。

"那你们为什么会有疯狂机器人的程序呢?"安娜贝尔执意问道。

"我们无法避免,"丹尼尔回答,"到目前为止,我们还无法找到一个没有某些不良副作用的有趣程序系统。这种情况类似于人类的遗传密码。人类的遗传密码也不幸地允许疾病出现。"

"告诉我,"安娜贝尔说,"有没有可能出现机器人 x 是机器人 y 的朋友,而机器人 y 却是机器人 x 的敌人?"

"哦,是的,"丹尼尔说,"这样的机器人被称为*基督机器人*。毕竟,耶稣说过,我们应该爱我们的敌人。事实上,存在着一个 x,使得它是它*最大敌人*的朋友。这样一个 x 被称为*弥赛亚*①机器人。"

"同样,一个机器人,如果它是它的某个朋友的敌人,那么它被称为*邪恶机器人*;如果它是它的某个最好朋友的敌人,那么它就被称为*撒旦*②机器人。"

·26·

"事实上,存在着两种基督机器人,"丹尼尔继续说,"其中一种是弥赛亚机器人;也存在着两种邪恶机器人,其中一种是撒旦机器人。你能为它们找到程序吗?"

·27·

"还存在着一个 x,它造出某个 y,而 y 则摧毁 x 最好的朋友。你能找到这个 x 吗?"

·28·

"还存在着一个 x,它造出某个 y 最好的朋友,而 y 则摧毁 x 最大的敌人。你能找到这样一个 x 吗?"

---

① 弥赛亚(messiah)是希伯来文"救世主"的意思。——译注
② 撒旦(Satan)是《圣经》中背叛了上帝的堕落天使,是地狱最强大的恶魔。——译注

·29·

"然后还存在着某个 x，他是摧毁 x 的最大敌人的某人的最好朋友。找到这样的一个 x。"

"这只是各种可能性的开始，"丹尼尔说，"这些组合是无穷无尽的，而这正是这座岛如此有趣的原因。"

"我对这些程序真的很感兴趣，"安娜贝尔说，"但有一件事让我感到困惑。我可以理解你对软件有兴趣，因为它所呈现的问题具有组合上的趣味性。但是真的去*制造*这些机器人有什么意义呢？为什么你不仅仅满足于拥有这些程序呢？为什么你要费力去运行它们呢？"

"有几个原因，"丹尼尔回答说，"一方面，实际验证我们的这些程序确实有效是很好的。更重要的是，我们看看所有这些程序的机器人是如何相互影响的非常有趣。由于我们这座岛上有好几百个机器人，因此几乎不可能预测未来会发生什么。这个机器人群体能无限期地生存下去吗？还是说有一天，所有这些机器人都会被摧毁，只剩下被拆散的零件？各种有趣的社会学问题出现了，我们将聘请一位机器人社会学家来研究这个机器人群体的社会学。这很有可能对人类群体的社会学提供启发。"

"嗯，这些听起来都非常有趣，"安娜贝尔说，"我对你的系统很感兴趣。"

"我的系统是昆西（Quincy）教授设计的旧系统的一个现代化版本，"丹尼尔回答，"他是这个岛上的第一位机器工程师。昆西教授现在已经退休了，但仍在积极从事研究工作，他喜欢接待那些对他的系统感兴趣的访客。你们为什么不去拜访一下他呢？"

这时，巫师走进了实验室。"我就知道会在这里找到你们的，"他说，"我当然也认为去拜访昆西教授是个好主意。我不熟悉他的系统，我会带你们去那里。"

这 3 个人感谢了罗伯茨教授抽出宝贵时间接待，然后出发去拜访昆西教授。

解答

1. 对于任何表达式 x，表达式 CRQx 造出 x 的重复（因为 RQx 命名了 x 的重复），因此我们把 x 取为 CRQ，于是就有 CRQCRQ 造出 CRQ 的重复，即 CRQCRQ。所以 CRQCRQ 造出 CRQCRQ。因此，CRQCRQ 就是我们的解答。

2. RQRQ 命名了 RQ 的重复，即 RQRQ。因此，RQRQ 命名了自己。

3. 命名任何事物的表达式必定只能是下列形式之一：Qy、RQy、RRQy、RRRQy，等等。也就是说，对于某个 y，任何"名称"都要么是 Qy 形式的，要么是 Qy 前面有一个或多个 R。

我们需要一个"命名器 x"来命名它自己。它可能具有 Qy 形式吗？Qy 能命名 Qy？当然不能，Qy 命名了 y，而 y 不可能等于 Qy（它比较短）。

那么具有 RQy 形式的一个表达式呢？嗯，RQy 命名了 yy，而我们希望 RQy 命名 RQy，所以当且仅当 yy = RQy 时，这才可能发生。这可能吗？是的，取 y = RQ。于是 RQRQ 命名了 RQRQ，这是我们之前得到的解答。此外，*唯一*使得 yy = RQy 的 y 是 RQ。因此，*唯一*具有 RQy 形式的、命名自己的 x 是 RQRQ。（我听到什么要求[①]了吗？）

那么 RRQy 形式的 x 呢？那行吗？不行，因为 RRQy 命名 yyyy，这必然不同于 RRQy（因为如果它们是相同的，那么我们就必定有 y = R 和 y = Q，而这是不可能的）。

RRRQy 也不行，因为它命名了 yyyyyyyy，这必然比 RRRQy 长。

如果开头有四个或更多的 R，那么长度的差异会更大，因此唯一命名自己的表达式是 RQRQ。

4. 试试 x = RRQRQ。

5. (a) QQ　　(b) QR　　(c) QQQ　　(d) QQ　　(e) RR

6. RQaRQ 命名了 aRQ 的重复，即 aRQaRQ。并且如果我们取 x = RQaRQ，

[①] 原文是"R-Q-ment"，因此是双关语，既指要求（reqirement），也指本段一直提到的 RQ、RQRQ 等。——译注

那么x命名了ax。

请再次回想一下,我使用小写字母a来表示大写字母的*任意组合*。因此,例如,把a取为ABC,那么一个命名ABCx的表达式x就是RQABCRQ。

也许这样想是最容易的:不管你如何填空,以下说法都成立:造出_x的x是RQ_RQ。

7. 在任何命名系统中,如果有某个y命名了Cy,那么Cy造出Cy,于是Cy是一个自生表达式(机器人Cy造出机器人Cy)。在这个特定的命名系统中,命名Cy的一个表达式y是RQCRQ(根据固定点诀窍),因此CRQCRQ是自生的(这就是我们第一题的解答)。

8. 如果我们能得到某个y命名Ry,那么Ry就会命名Ry的重复,于是我们可以把x取为Ry。嗯,根据固定点诀窍,y=RQRRQ(这是这个诀窍的一个特例,其中a是字母R)。因此我们取x=RRQRRQ,读者可以检查它是否命名了RRQRRQRRQRRQ。

同样,给定一个任意表达式a,为了找到一个x命名ax的重复,我们首先寻找某个y来命名aRy——y的这样一个表达式是RQaRRQ(根据固定点诀窍,把a取为aR)——于是Ry命名了aRy的重复,因此我们取x=Ry。所以我们的解答是x=RRQaRRQ。

9. 把a取为C,则根据上一题的解答,存在着某个y,它命名了CyCy,即y=RRQCRRQ。于是Cy必定造出CyCy,所以我们取x=CRRQCRRQ。

10. 我们需要的是某个命名aCy的y,于是Cy造出aCy,因此我们取x=Cy。使用固定点诀窍,我们取y=RQaCRQ。所以我们的解答是CRQaCRQ。这就是我们的C诀窍。

11. 我们希望x命名ay,而y命名bx。我们有两种方式可以做到这一点。一种方式是得到一个命名aQbx的x,然后把y取为Qbx。(那么,很明显,x命名了ay和y,而y就是Qbx,它命名了bx。)我们使用固定点诀窍得到这样一个x,于是我们得到解答:

$$x = RQaQbRQ$$

$$y = QbRQaQbRQ$$

另一种方式是首先得到某个命名 bQay 的 y，然后取 x=Qay。这给出了以下解答：

$$x = QaRQbQaRQ$$

$$y = RQbQaRQ$$

12. 我们需要的只是一个造出 CQx 的 x，然后 CQx 又转而造出 x。我们使用 C 诀窍，把 a 取为 CQ，于是我们得到 x = CRQCQCRQ，它造出 CQCRQ 的重复，即 CQCRQCQCRQ，而这就是 CQx。因此，造出彼此不同的两个表达式是 CRQCQCRQ 和 CQCRQCQCRQ。

13. RQQRQ 命名了 QRQQRQ，而 QRQQRQ 又转而命名了 RQQRQ。

14. 取一个造出 Qx 的 x，并取 y = Qx，就可以得到一种解答。这给出了以下解答：

$$x = CRQQCRQ$$

$$y = QCRQQCRQ$$

另一种解答可以这样得到：取某个命名 CQy 的 y，并取 x 等于 CQ。这给出了以下解答：

$$y = RQCQRQ$$

$$x = CQRQCQRQ$$

15. 一种解答是取一个 x 来命名 aQbQcx，然后取 z = Qcx 和 y = Qbz。这给出了以下解答：

$$x = RQaQbQcRQ$$

$$z = QcRQaQbQcRQ$$

$$y = QbQcRQaQbQcRQ$$

另一种解答是，取命名 bQcQay 的 y，然后取 x = Qay 和 z = Qcx。我们把这种解答留给读者完成。

还有一种解答是取某个命名 cQaQbz 的 z，然后取 y = Qbz 和 x = Qay。我们把这种解答也留给读者完成。

16. 一种方式是：先将 x 暂时搁在一边，另外不管我们最终决定 x 是什么，我们都会把 z 取为 CQx（它造出 x）。接着要用 y 来命名 z，因此我们会取 y = Qz。于是 y = QCQx。所以我们需要 x 造出 QCQx。使用固定点诀窍，我们就可以得到以下解答：

$$x = CRQQCQRQ$$

$$y = QCQCRQQCQRQ$$

$$z = CQCRQQCQRQ$$

至于还有另外两种解答，我们留给感兴趣的读者自己完成。

17. DCRQDCRQ。

18. 取 x = DCRQaDCRQ。

19. 取 y = DCRRQaDCRRQ。

20. 取一个造出 DCQx 的 x，取 y 等于 DCQx，由此得到一种解答。我们使用 C 诀窍（第 10 题）得到以下 x 和 y：

$$x = CRQDCQCRQ$$

$$y = DCQCRQDCQCRQ$$

另一种解答可以这样得到：取一个摧毁 CQy 的 y，取 x 等于 CQy。最后我们使用 D 诀窍（第 18 题）就得到了以下解答：

$$y = DCRQCQDCRQ$$

$$x = CQDCRQCQDCRQ$$

21. 我们想要一个摧毁 DCQx 的 x。我们使用 D 诀窍得到 x = DCRQDC-QDCRQ。这个 x 摧毁 DCQDCRQDCQDCRQ，而 DCQDCRQDCQDCRQ 转而又摧毁 x。

22. 一种解答可以这样得到：得到一个造出 CQDCQx 的 x，我们再把 y 取为 CQDCQx，然后把 z 取为 DCQx。使用 C 诀窍，我们得到以下解答：

$$x = CRQCQDCQCRQ$$

$$y = CQDCQCRQCQDCQCRQ$$

$$z = DCQCRQCQDCQCRQ$$

23. FCRQFCRQ 是 FCRQ 的 重 复 FCRQFCRQ 的 一 个 朋 友。因 此，FCRQFCRQ 是自恋机器人。

显然，ECRQECRQ 是神经质机器人（它是自己的敌人）。

24. 这是显而易见的：我们希望 x 造出 FCQx，所以我们根据 C 诀窍取 x = CRQFCQCRQ。

25. 取 x = DCRQECQDCRQ。

26. 弥赛亚是这样一个 x：它是 ECQx（x 最大的敌人）的朋友。所以对于造出 ECQFz（即 ECQx）的某个 z，x 的形式必定是 Fz。我们使用 C 诀窍，取 z = CRQECQFCRQ。然后我们取 x = FCRQECQFCRQ，x 就是我们的弥赛亚。现在，z 造出 ECQFz，它是 ECQFCRQECQFCRQ，我们会称之为 y。虽然 x 是 y 的一个朋友，但它不是 y 最好的朋友，所以 y 是邪恶的（是 x 的敌人——事实上是 x 最大的敌人），但不是撒旦。

当然，通过交换 E 和 F，我们就会得到一个撒旦机器人 x 和一个不是弥赛亚的基督机器人 y。总之：

　　　FCRQECQFCRQ 是一个弥赛亚。

　　　ECQFCRQECQFCRQ 是邪恶的，但不是撒旦。

　　　ECRQFCQECRQ 是一个撒旦机器人。

　　　FCQECRQFCQECRQ 是一个基督机器人，但不是弥赛亚。

27. 我们将使用一个 x 来造出 DCQFCQx。CRQDCQFCQCRQ 是这样的一个 x。

28. 我们将使用一个 x 来造出 FCQDCQECQx。另取 y = DCQECQx。于是 x 造出 y 最好的朋友 FCQy，且 y 摧毁 x 最大的敌人 ECQx，所以我们得到了解答 x = CRQFCQDCQECQCRQ。

29. 我们希望 x 和 y 是这样的：x = FCQy（y 最好的朋友），而 y 摧毁 ECQx。因此，我们希望 y 摧毁 ECQFCQy。因此我们取 y = DCRQECQDFCQDCRQ，因此我们想要的 x 是 FCQDCRQECQFCQDCRQ。

第12章

昆西教授的古雅的系统

I. 昆西的系统

"啊,是的,"昆西在他的3位客人舒服地就座后说,"我的系统可能比较老式,但它确实有效! 是的,它确实有效,你知道。"他轻笑着重复道。

"我的系统是基于*引用*(*quotation*)这一思想的,你知道,命名一个表达式的方法是用引号把这个表达式引起来,开始引号在左边,结束引号在右边。只不过我不用开始引号和结束引号,而是用符号 Q_1 作为开始引号,Q_2 作为结束引号。因此,所谓一个表达式 x 的*引用*,是指表达式 Q_1xQ_2——例如,HFUG 的引用是 Q_1HFUGQ_2。我的第一条规则如下:

规则 Q_1Q_2。 Q_1xQ_2 命名了 x。

"因此,x 的*引用*命名了 x。请将其与罗伯茨系统的第一条命名规则(Qx 命名 x)进行比较。他的系统基于比较现代的单边引用思想,这种思想被用于现在的许多计算机编程语言,如 LISP。这类系统只使用一个开始引号,对于罗伯茨来说,这个引号就是符号 Q。

"接下去,所谓一个表达式的*规范*(*norm*),我指的是表达式后面跟着其自身的引用。x 的规范是 xQ_1xQ_2。我从逻辑学家斯穆里安那里借用了*规范*的概念。在我的系统中,对一个表达式取规范的操作与在罗伯茨的系统中

的重复有着相同的基本作用。因此,对应于罗伯茨的规则 R,我的基本命名规则是:

规则 N。如果 x 命名了 y,那么 Nx 命名了 y 的规范。

"因此,如果 x 命名了 y,那么 Nx 就命名了 yQ_1yQ_2。具体而言,NQ_1yQ_2 命名了 yQ_1yQ_2。我还有一些其他的命名规则,但首先我想向你们展示一些仅用这两条规则就可以完成的事情。"

昆西教授接着给他的这 3 位客人出了以下各题:

·1·

找到某个命名自己的 x。

·2·

罗伯茨系统的第一条固定点原理也适用于这个系统,也就是说,对于任何表达式 a,都有某个 x 命名 ax。在给定 a 的情况下,给出一种找到这样一个 x 的诀窍。

·3·

存在着一个命名自己的规范的表达式,还存在另一个命名自己的规范的规范的表达式。你知道怎么找到它们吗?

·4·

"我的创造规则和罗伯茨系统中的创造规则一样,"昆西说,"(在我的系统中)如果 x 命名了 y,则 Cx 造出 y。此外,我的摧毁规则与罗伯茨系统中的规则 D 相同——如果 x 造出 y,那么 Dx 摧毁 y。"

"现在请找到一个造出自己的 x 和一个摧毁自己的 x。"

·5·

"另外,给定一个任意表达式 a,都有一个 x 造出 ax,另一个 x 摧毁 ax。你知道如何做到吗?"

·6·

"与罗伯茨的系统一样,如果 x 造出 y,那么 Fx 是 y 的朋友,而 Ex 是 y 的敌人。但在我的系统中,y 最好的朋友是 FCQ_1yQ_2,y 最大的敌人是 ECQ_1yQ_2。

"现在请找到一个x,它是x的朋友,再找到一个x,它是x的敌人。"

"在罗伯茨系统中,"安娜贝尔说,"我们可以找到一个x来造出x的一个朋友。在你的系统中,这能做到吗?"

"按照我到现在为止给你的规则,这大概是做不到的。还有另两条命名规则,第一条是:

规则M。如果x命名了y,那么Mx命名了Q_1yQ_2(y的引用)。

"有了这条规则,我们就可以做一些以前显然做不到的事情。我来给你们举几个例子。"

·7·

找到一个命名其自身的引用的x。

·8·

找到一个命名其自身的引用的规范的x,找到另一个命名其规范的引用的x。

·9·

试证明对于一个任意表达式a,都有某个x命名ax的引用。

·10·

证明对于一个任意表达式a,都有表达式x和y,使得x命名y,y命名ax。

安娜贝尔问道:"对于任何表达式a和b,都有表达式x和y,使得x命名了ay,y命名了bx,就像在罗伯茨系统中一样,是吗?"

"我对此表示怀疑,"昆西说,"这就是为什么我需要我的最后一条规则,这也就是我现在要告诉你的。"

"对于由两个或更多字母组成的一个任意表达式x,我用x″表示删除x的第一个字母后得到的结果——例如,如果x是BFGH,那么x″就是FGH。如果x只包含一个字母,那么我们就会把x″取为x本身(这是对于那些"浪费"的情况设置的)。那么,我的最后一条规则是下面这条擦除规则:

规则 K。如果 x 命名了 y,那么 Kx 命名了 $y^\#$。

"例如,KQ₁BFGHQ₂ 命名了 FGH(因为 Q₁BFGHQ₂ 命名了 BFGH)。

"加上这条规则,我的编程系统就完成了,除了一些古怪的情形之外,我们几乎可以完成在罗伯茨系统中能完成的所有事情。我给你举几个例子。"

随后昆西提出了下列各题,其中的第一题实际上是其他各题的基础。

11. 昆西诀窍

给定一个任意表达式 a,我们可以找到一个命名 axQ_2 的 x,也可以找到一个命名 axQ_2Q_2 的 x,还可以找到一个命名 $axQ_2Q_2Q_2$ 的 x,对于其他任意数量的 Q_2 也是一样。

· 12 ·

现在我们可以建立双固定点原理:对于任何 a 和 b,都有 x 和 y,使得 x 命名 ay,y 命名 bx。有两种方法可以找到 x 和 y,是哪两种方法? 那么三固定点原理呢?

13. 更多昆西诀窍

对于给定的 a,有现成的诀窍得到一个能

(1)造出 axQ_2

(2)造出 axQ_2Q_2

(3)造出 $axQ_2Q_2Q_2$

的 x 会很有帮助。

在后面各题中,我们会用到这些结果,我们称它们为昆西 C 诀窍。

有现成的诀窍得出一个能

(4)摧毁 axQ_2

的 x 也会很有帮助。

不过,在(1)中用 DC 替换 C 就能得到(4),我们称之为昆西 D 诀窍。

现在,请找到这些方法。

· 14 ·

找到一组 x 和 y,使得 x 造出 y,而 y 摧毁 x。(有两种解答。)

· 15 ·

找到一个 x,它能造出它最好的朋友;找到另一个 x,它能摧毁它最大的敌人。

· 16 ·

找到一个弥赛亚 x(它是 x 的最大敌人的一个朋友),以及一个撒旦 x(它是 x 的最好朋友的一个敌人)。

· 17 ·

某人摧毁了 x 最大的敌人,而 x 是此人最好的朋友,找到这样的一个 x。

· 18 ·

某人摧毁 x 最大的敌人,而 x 造出此人最好的朋友,找到这样一个 x。

"说了这些,应该会让你们对我的系统如何工作有所了解,"昆西说,"各种可能性真的是无穷无尽。"

II. 你能找到关键吗?

"如果你们喜欢奇趣和复杂的问题,"昆西说,"我必须告诉你卡德沃斯(Cudworth)教授设计的一个奇趣的系统,他是这个岛上的另一位机器人工程师。"

"他很想知道,如果规范化规则——即规则 N,它在我的系统中确实具有核心地位——被罗伯茨的重复——规则 R——取代,那么我的系统会发生什么。他对此进行了尝试,但一无所获。是的,他可以解决一些琐碎的问题,但这些问题对构建程序毫无用处。事实上,他甚至无法获得一个自我复制机器人的程序,也就是说,他甚至不能得到一个 x,使得 x 造出 x。苏格兰场的克雷格探长是卡德沃斯的一个朋友,这位探长对组合谜题非常感兴趣。后来,克雷格探长建议卡德沃斯添加反转规则,而当卡德沃斯这样做了以后,系统就运行良好了! 它能做我的系统中能做的一切,也能做罗伯茨系统中能做的一切,而且还不止这些!"

"反转规则是什么?"亚历山大问道。

"噢,一个表达式的反转(reverse)是指将该表达式反过来写。例如,
ABCD 的反转是 DCBA。于是,卡德沃斯取了字母 V,并增加了一条规则:如
果 x 命名了 y,那么 Vx 命名了 y 的反转。然后,正如我所说的,系统就运行良
好了。"

昆西随后为他的 3 位客人回顾了卡德沃斯系统的规则:

规则 Q_1Q_2:Q_1xQ_2 命名了 x。

规则 R:如果 x 命名了 y,那么 Rx 命名了 yy。

规则 M:如果 x 命名了 y,那么 Mx 命名了 Q_1yQ_2。

规则 K:如果 x 命名了 y,那么 Kx 命名了 $y^\#$。

规则 V:如果 x 命名了 y,那么 Vx 命名了 y 的反转。

"这个系统有关创造、摧毁、友谊和敌对的那些规则与我的系统相同,"
昆西继续说,"现在,第一个问题是要找到一个 x 来命名它自己。这并不简
单! 我知道的最短的一个有 18 个字母。还有一个 x 命名它自己的规范,我
知道的最短的一个有 34 个字母。"

"还有一个 x 命名它自己的逆转,一个 x 造出它自己的逆转,一个 x 摧毁
它的重复的逆转,一个 x 是它自己的引用的规范的逆转的敌人的朋友,我可
以没完没了地继续说其他组合。这个系统也遵循固定点原则、双固定点原
则,等等。

"闲暇时解答这些题可能会给你带来乐趣。我相信,一旦你解答了第一
题,你就拥有了解决所有其他问题的关键。"

· 19 ·

昆西教授说得很对,构造一个命名自己的 x 的基本思想实际上是解答
所有其他问题的关键。这个关键是什么?

当我们的 3 个朋友与昆西教授告别后,他们觉得当晚起航回家太晚了,

因此决定在一家小旅馆过夜。

"明天,"巫师说,"在我们离开这个岛之前,我想我们应该参观一下辛普森(Simon Simpson)的工作站,他是这个岛上最年轻、最先进的机器人工程师。虽然我听说他有点自负,但他的程序系统非常简单、优雅,绝对值得学习。"

这3个人熬了差不多半夜,试图破译卡德沃斯的奇怪系统,但他们最终设法解决了这个问题。他们精疲力竭地去睡觉了,第二天早上直到很晚才起床。早餐后,他们去拜访辛普森。发生的事情将在下一章叙述。

解答

1. NQ_1NQ_2命名了N的规范,即NQ_1NQ_2。因此NQ_1NQ_2命名了自己。

2. 取$x = NQ_1aNQ_2$。它命名了aN的规范,即aNQ_1aNQ_2,即ax。

3. 如果y命名了Ny,那么Ny就会命名Ny的规范。于是我们取$x = Ny$,那么x就会命名它自己的规范。根据第2题的解答(就是昆西系统中的固定点诀窍),我们可以取$y = NQ_1NNQ_2$(也就是说,我们把a取为N),因此一个命名其自身规范的x是NNQ_1NNQ_2。

一个命名其规范的规范的x是$NNNQ_1NNNQ_2$。

4. CNQ_1CNQ_2造出自己(因为NQ_1CNQ_2命名了CNQ_1CNQ_2)。

$DCNQ_1DCNQ_2$摧毁自己。

5. 要找到一个x来生成ax,首先是要找到某个y来命名aCy,然后取x等于Cy。我们取$y = NQ_1aCNQ_2$,因此我们的解是$x = CNQ_1aCNQ_2$。

一个摧毁ax的x是$DCNQ_1aDCNQ_2$。

6. 我们需要某个y来生成Fy,于是Fy就会成为Fy的一个朋友。我们取$x = Fy$,于是x就是它自己的一个朋友。根据上一题(用F取代a),我们取$y = CNQ_1FCNQ_2$,因此$FCNQ_1FCNQ_2$是它自己的一个朋友。

它自己的一个敌人是$ECNQ_1ECNQ_2$。

讨论。 在给出进一步解答之前,让我们暂停一下,且注意到目前为止,这些解答与罗伯茨系统中的解答并没有太大的不同——只要将 N 替换为 R,将 Q_1 和 Q_2 替换为 Q,上述那些解答就变成了罗伯茨系统中的解答。例如,将 NQ_1NQ_2 与 RQRQ 进行比较(NQ_1NQ_2 在昆西的系统中命名自己,而 RQRQ 在罗伯茨的系统中命名自己)。或者,在最后一题中,$ECNQ_1ECNQ_2$ 在昆西系统中是自己的敌人,而 ECRQECRQ 在罗伯茨系统中是自己的敌人。但在接下去的各题中,情况发生了相当明显的变化。

7. MNQ_1MNQ_2 可行,因为 NQ_1MNQ_2 命名了 MN 的规范,即 MNQ_1MNQ_2。因此,MNQ_1MNQ_2 命名了 MNQ_1MNQ_2 的引用。

8. 一个命名其自身的引用的规范的 x 是 $NMNQ_1NMNQ_2$。一个命名其规范的引用的 x 是 $MNNQ_1MNNQ_2$。

9. 取 $x = MNQ_1aMNQ_2$。

10. 这是由上一题得出结论:由于有某个 x,它命名了 ax 的引用,因此我们可以把 y 取为 ax 的引用,于是 y 就命名了 ax。因此,解答是 $x = MNQ_1aMNQ_2, y = Q_1aMNQ_1aMNQ_2Q_2$。

我们注意到,利用昆西的最后一条规则(规则 K),还能得到第二种解答,我们将在下一题中讨论这一点。

11. 一个命名 axQ_2 的 x 是 $KMNQ_1aKMNQ_2$,因为 NQ_1aKMNQ_2 命名了 $aKMNQ_1aKMNQ_2$,而这正是 ax,因此 MNQ_1aKMNQ_2 命名 Q_1axQ_2,因此 $KMNQ_1aKMNQ_2$ 命名 axQ_2。

评注。 这为上一题提供了第二种解答:我们可以取 y 使其命名 aQ_1yQ_2(通过取 aQ_1 而不是 a)——即 $y = KMNQ_1aQ_1KMNQ_2$。然后,我们把 x 取为 y 的引用——即 $x = Q_1KMNQ_1aQ_1KMNQ_2Q_2$。

一个命名 axQ_2Q_2 的 x 是 $KKMMNQ_1aKKMMNQ_2$。而一个命名 $axQ_2Q_2Q_2$ 的 x 是 $KKKMMMNQ_1aKKKMMMNQ_2$,依此类推。

12. 一种方法是得到一个命名 aQ_1bxQ_2 的 x,然后取 $y = Q_1bxQ_2$。我们使用昆西诀窍(用 aQ_1b 代替 a),得到 $x = KMNQ_1aQ_1bKMNQ_2$。然后取 y =

$Q_1bKMNQ_1aQ_1bKMNQ_2Q_2$。（读者能直接验证这组 x 和 y 可行。）

另一种解答是，首先取命名 bQ_1ayQ_2 的 y，然后取 $x = Q_1ayQ_2$。然后我们得到解答 $x = Q_1aKMNQ_1bQ_1aKMNQ_2Q_2$ 和 $y = KMNQ_1bQ_1aKMNQ_2$。

对于周期为 3 的循环，我们可以取命名 $aQ_1bQ_1cxQ_2Q_2$ 的 x（即 $x = KKMMNQ_1aQ_1bQ_1cKKMMNQ_2$），然后取 $z = Q_1cxQ_2$ 和 $y = Q_1bzQ_2$。我们留待读者自己明确地写出此时的 z 和 y。

要得到另一种解答，可以取命名 $bQ_1cQ_1ayQ_2Q_2$ 的 y，然后取 $x = Q_1ayQ_2$ 和 $z = Q_1cyQ_2$。要得到另一种解答，可以取命名 $cQ_1aQ_1bzQ_2Q_2$ 的 z，并取 $y = Q_1bzQ_2$ 和 $x = Q_1ayQ_2$。如果想要的话，这些解答都可以明确地写出。

13. 为了找到一个造出 axQ_2 的 x，我们需要某个命名 $aCyQ_2$ 的 y，然后取 $x = Cy$。我们使用第 10 题的第一个昆西诀窍，得到 $y = KMNQ_1aCKMNQ_2$。因此，我们想要的 x 是 $CKMNQ_1aCKMNQ_2$。

一个造出 axQ_2Q_2 的 x 是 $CKKMMNQ_1aCKKMMNQ_2$。

造出 $axQ_2Q_2Q_2$ 的 x 是 $CKKKMMMNQ_1aCKKKMMMNQ_2$。

一个摧毁 axQ_2 的 x 是 $DCKMNQ_1aDCKMNQ_2$。

14. 一种方法是取一个造出 DCQ_1xQ_2 的 x，它转而又摧毁 x。使用昆西 C 诀窍，我们得到解答

$$x = CKMNQ_1DCQ_1CKMNQ_2$$

$$y = DCQ_1CKMNQ_1DCQ_1CKMNQ_2Q_2$$

另一种方法是取摧毁 CQ_1yQ_2 的某个 y，然后取 $x = CQ_1yQ_2$。于是我们得到

$$x = CQ_1DCKMNQ_1CQ_1DCKMNQ_2Q_2$$

$$y = DCKMNQ_1CQ_1DCKMNQ_2$$

15. 现在这就很简单了：根据昆西 C 诀窍，一个创造其最好朋友 FCQ_1xQ_2 的 x 是 $CKMNQ_1FCQ_1CKMNQ_2$。

一个摧毁其最大敌人的 x 是 $DCKMNQ_1EDCQ_1DCKMNQ_2$。

16. 为了得到一个弥赛亚，我们需要造出 ECQ_1FzQ_2（Fz 最大的敌人）的

某个 z，这样 Fz 就是一个弥赛亚。使用昆西的 C 诀窍，我们取 $z = CKMNQ_1ECQ_1FCKMNQ_2$。因此，我们的弥赛亚是 $FCKMNQ_1ECQ_1FCKMNQ_2$。

一个撒旦 x 是 $ECKMNQ_1FCQ_1ECKMNQ_2$。

17. 令 y 为摧毁 x 的最大敌人的"某人"。那么 x 是 y 最好的朋友，所以 $x = FCQ_1yQ_2$。x 最大的敌人是 ECQ_1xQ_2，用 y 来表示就是 $ECQ_1FCQ_1yQ_2Q_2$。所以我们需要 y 造出 $ECQ_1FCQ_1yQ_2Q_2$。我们使用昆西 C 诀窍，得到 $y = CKKMMNQ_1ECQ_1FCQ_1CKKMMNQ_2$。所以我们的 x 是 $FCQ_1CKKMMNQ_1ECQ_1FCQ_1CKKMMNQ_2Q_2$。

18. 我们再次令 y 为摧毁 ECQ_1xQ_2（x 的最大敌人）的某人。我们将把 y 取为 $DCQ_1ECQ_1xQ_2Q_2$。那么 y 最好的朋友就是 $FCQ_1DCQ_1ECQ_1xQ_2Q_2Q_2$。所以我们需要一个造出 $FCQ_1DCQ_1ECQ_1xQ_2Q_2Q_2$ 的 x。我们使用昆西 C 诀窍，得到 $x = CKKKMMMNQ_1FCQ_1DCQ_1ECQ_1CKKKMMMNQ_2$。

19. 解决卡德沃斯系统中出现的所有问题的关键是要找到一个表达式 s，该表达式的作用与昆西的系统中的字母 N 相同——也就是说，我们希望 s 是这样的：对于任何表达式 x 和 y，如果 x 命名 y，那么 sx 就会命名 y 的规范。这样的表达式 s 可以恰当地被称为*规范化器*（*normalizer*）。

我将使用符号 $\overleftarrow{y}$ 来表示 y 的*反转*。那么，我们如何能通过一系列全都可以在这个系统中编程的操作将表达式 y 转换为其规范 yQ_1yQ_2？有一个这样的操作序列如下：

（1）取 y 的引用，于是得到 Q_1yQ_2。

（2）把现在的表达式反转，得到 $Q_2\overleftarrow{y}Q_1$。

（3）擦除 Q_2，得到 $\overleftarrow{y}Q_1$。

（4）把得到的表达式反转，得到 Q_1y。

（5）重复现在的表达式，得到 Q_1yQ_1y。

（6）擦除最左边的 Q_1，得到 yQ_1y。

（7）现在取它的引用，得到 $Q_1yQ_1yQ_2$。

（8）擦除最左边的 Q_1，得到 yQ_1yQ_2。

因此假设x命名了y,那么

（1）Mx命名了Q_1yQ_2。

（2）VMx命名了$Q_2\tilde{y}Q_1$。

（3）KVMx命名了$\tilde{y}Q_1$。

（4）VKVMx命名了Q_1y。

（5）RVKVMx命名了Q_1yQ_1y。

（6）KRVKVMx命名了yQ_1y。

（7）MKRVKVMx命名了$Q_1yQ_1yQ_2$。

（8）KMKRVKVMx命名了yQ_1yQ_2。

因此,KMKRVKVM是一个规范化器。本章中的所有问题都可以在卡德沃斯的系统中通过用KMKRVKVM代替单个字母N来解决。

例如,一个命名自己的表达式是$KMKRVKVMQ_1KMKRVKVMQ_2$。(有短一点的吗?)一个造出自己的表达式是$CKMKRVKVMQ_1CKMKRVKVMQ_2$。

作为练习,我请读者构造这样的一个表达式:它命名自己的反转。另外,一个生成自己的反转的表达式是怎样的? 还有,一个生成自己的反转的重复的表达式呢?

从荒谬到简单

"那些老式的系统真的让我受不了,"辛普森(Simon Simpson)摇摇头说,"比如说,你知道卡德沃斯那个怪异的系统吗?"

"我知道,"巫师说,"昆西教授昨天向我们展示过。"

"嗯,这难道不是我有生以来见过的最疯狂的系统吗! 费那么大的劲,就为了得到一个规范化器! 有时我很怀疑我的某些同事是否理智!"

"哦,我不知道,"巫师说,"我发现找到系统的关键是一个相当有趣的挑战。"

"但是这个系统没有必要如此复杂!"辛普森说,"卡德沃斯似乎喜欢把事情弄得尽可能复杂。而我的哲学正好相反——我喜欢把事情弄得尽可能简单。"

"事实上,昆西的系统并没有那么糟糕,"辛普森接着说,"考虑到它是在单边引用被发现之前设计出来的,就可以理解了。不过,最后一条规则——擦除规则——看起来太不自然了,它只不过是一种用以补救一种不太好情况的手段。但即使在这种情况下,昆西也本可以做得更好:他本可以将这两条规则——规则 M 和规则 K——用一条规则来代替:如果 x 命名了 y,那么 Lx 就命名了 yQ_2。这一条规则就会给出双固定点原理和三固定点原理,而那些他很可能给你出的问题就都可以解答了。

"当然,罗伯茨系统要干净利落得多,也自然得多。但即使是这个系统,对于从实践角度看来真正重要的那些问题来说,也比所需要的复杂得多。我对诸如是否可以找到一个造出自己的复制品的x这样的学术问题不感兴趣,这些问题对机器人有什么意义呢? 我的探讨纯粹是务实的。我只对那些具有社会学重要性的问题感兴趣:哪些机器人造出哪些机器人? 哪些摧毁哪些? 哪些是哪些的朋友、最好的朋友、敌人、最大的敌人? 对于像这样的一些事情,我的程序系统是最有效的。"

"你使用单边引用还是双边引用?"巫师问。

"两种都不用,我的系统是无引用的。我不会费事去用某些表达来*命名*另一些表达式。"

"真有趣,"巫师说,"我最近也在试验无引用系统——不是为了机器人之类的事,而是为了解决自引中出现的某些一般性问题。我真的很想听听你的系统是怎样的。"

"我的规则直接、简短、易于操作、直击要害。我使用符号 C、D、F、E、$\dot{C}$、$\dot{D}$、$\dot{F}$、$\dot{E}$,我的规则是:

规则 C:Cx 造出 x。

规则 $\dot{C}$:$\dot{C}$x 造出 xx。

规则 D:Dx 摧毁 x。

规则 $\dot{D}$:$\dot{D}$x 摧毁 xx。

规则 F:Fx 是 x 最好的朋友。

规则 $\dot{F}$:$\dot{F}$x 是 xx 的一个朋友。

规则 E:Ex 是 x 最大的敌人。

规则 $\dot{E}$:$\dot{E}$x 是 xx 的一个敌人。

"还有什么比这些规则更直接呢? 我现在会给你们一些问题,而所有这些问题的解答比你们见过的任何解答都要简短。例如,很明显,一个自我复制的机器人是 $\dot{C}\dot{C}$,一个自我摧毁的机器人是 $\dot{D}\dot{D}$。所以这里有一些题,我相信你们会很容易把它们解答出来。顺便说一句,这些解答以某种我们将在后文中解释的方式,将罗伯茨系统中的那些解答置于一个更清晰的视角。但现在,先让我们集中精力来解题。"下面就是辛普森教授给出的题目。

·1·

找到一组互不相同的 x 和 y,使得它们各自造出对方。

·2·

找到一组 x 和 y,使得 x 造出 y,而 y 摧毁 x。此题有两种解答。

·3·

证明对于任何表达式 a,都有某个 x 造出 ax,另一个 x 摧毁 ax。

·4·

给定任何表达式 a 和 b,证明:

(a) 存在一组 x 和 y,使得 x 造出 ay,y 造出 bx。(有两种解答。)

(b) 存在一组 x 和 y,使得 x 摧毁 ay,y 摧毁 bx。(有两种解答。)

(c) 存在一组 x 和 y,使得 x 造出 ay,y 摧毁 bx。

·5·

找到一个 x,它是自己的一个朋友。

·6·

找到一个 x,它造出自己最好的朋友。

·7·

找到一个 x,它造出一个朋友,但不是它最好的朋友。

·8·

找到一个 x,它是自己的最大敌人的朋友。

·9·

找到一个 x,它是自己的一个敌人的最好朋友。

·10·

找到一组 x 和 y,使得 x 造出 y 最好的朋友,而 y 摧毁了 x 最大的敌人。

·11·

找到一个 x,它是摧毁它最大敌人的那个人的最好朋友。

· 12 ·

找到一个 x，它创造某个 y，y 是某个 z 的朋友，z 是某个 w 的最大敌人，w 摧毁 x 的最大敌人的最好朋友。

"所以你看，"辛普森自豪地说，"各种复杂的社会学情况在我的系统中都可以很容易地编程。"

"你的系统确实很有条理、很简练，"巫师说，"我非常喜欢它。它与我的系统有许多相似之处，而且有一个奇怪的巧合，你使用的在字母上加点的方式与我的方式非常相似。"

"有一件事情你可能没有意识到，只要用 CQ 替换 C、用 CRQ 替换 $\dot{C}$、用 DCQ 替换 D、用 DCRQ 替换 $\dot{D}$、用 FCQ 替换 F、用 FCRQ 替换 $\dot{F}$、用 ECQ 替换 E、用 ERCQ 替换 $\dot{E}$，那么你的所有解答就都可以轻易地转换为罗伯茨系统中的解答。例如，你创建自己的 x 是 $\dot{C}\dot{C}$。如果我们用 CRQ 代替 $\dot{C}$，我们就得到 CRQCRQ，而这就是罗伯茨系统里造出自己的 x。这对你的所有解答都同样成立。"

"我当然确实意识到了这一点，"辛普森说，"我之前说的，我的解答将罗伯茨的解答置于一个更加清晰的视角，就是这个意思。"

读者可以很容易检验，对于上述 12 题中的每一题，辛普森系统中的解答都可以通过巫师所述的方法转化为罗伯茨系统中的解答。

解答

1. $\dot{C}C\dot{C}$ 和 $\dot{C}CC\dot{C}$

2. *解答 1*：x = $\dot{C}D\dot{C}$，y = $\dot{D}C\dot{D}C$

    解答 2：x = $\dot{C}D\dot{C}D$，y = $\dot{D}C\dot{D}$

3. 一个造出 ax 的 x 是 $\dot{C}aC$。一个摧毁 ax 的 x 是 $\dot{D}aD$。

4. （a）*解答 1*：x = $\dot{C}aCb\dot{C}$，y = Cb$\dot{C}$aCb$\dot{C}$

解答2：$x = Ca\dot{C}bCa\dot{C}, y = \dot{C}bCa\dot{C}$

（b）同上，用 $\dot{D}$ 代替 $\dot{C}$，用 D 代替 C

（c）解答1：$x = \dot{C}aDb\dot{C}, y = D\dot{b}Ca Db\dot{C}$

解答2：$x = Ca\dot{D}bCa\dot{D}, y = \dot{D}bCaD$

5. $\dot{F}F$

6. $\dot{C}FC$

7. $\dot{C}FCF$

8. $\dot{F}EF$

9. $\dot{F}E\dot{F}E$（机器人 $E\dot{F}E$ 是撒旦）

10. 一种解答：$x = \dot{C}FDE\dot{C}, y = DE\dot{C}FDEC$

另一种解答：$x = CF\dot{D}ECFD, y = \dot{D}ECFD$

11. $x = F\dot{D}EF\dot{D}$

12. 有多种解答。其中之一是 $x = \dot{C}FEDFEC$（它造出 FEDFEx）。另一种解答是 $CFEDFEC\dot{F}$。还有一种解答是 $CFE\dot{D}FECFE\dot{D}$。

在每种解答中，都可以很容易地找到 y、z 和 w。

第四部分

哥德尔式的谜题

第14章

自引与交叉引用

从机器人岛回来几天后,这对夫妇又去拜访了巫师。

"我真的对这些程序很感兴趣,"安娜贝尔说,"那些机器人工程师是怎么想出来的?"

"它们全都与命名问题有关,"巫师回答,"尤其是与引用命名有关。"

"那又是什么?"

"我得从头开始向你解释,"巫师说,"你知道词语*使用*(*use*)和*提及*(*mention*)之间的区别吗?"

安娜贝尔和亚历山大都从未听说过此事。

"我举一个例子来说明。"巫师说,然后他写下了下面这句话。

(1) 冰是冻结的水。

"这句话是真还是假?"

"显然是真的。"他们俩回答。

"好的,那么下面这句话呢?"

(2) 冰有6个笔画。

"也是真的。"安娜贝尔说。

"当然是真的,"亚历山大说,"冰确实有6个笔画。"

"不,不是的!"巫师说,"冻结的水根本没有任何笔画!是冰这个字有

6个笔画。所以句子(2)按照现在的形式完全是错误的！正确的形式如下。

(2)′ "冰"有6个笔画。

"句子(1)谈论的是冰这种物质；句子(2)谈论的也是冰这种物质，但它表达的意思是错的。第(2)′句讲的是'冰'这个字，它表达的意思是真的。我们在谈论字的时候用引号把它引起来——至少这是我们将用一段时间的老方法。无论如何，在句子(1)中'冰'这个字被*使用*，因为它谈论的是物质，而不是这个字。但在句子(2)中'冰'这个字被*提及*或*谈论*，但没有被使用，因为这句话谈论的是冰这个字，而不是冰这种物质。"

"这看起来很清楚。"安娜贝尔说。

"句子(2)中被*使用*的，"巫师继续说，"不是'冰'这个字，而是这个字的*名称*或*引用*。它是用来谈论这个字的。我知道你已经掌握了这里的总体思想，但是初学者经常会把'使用'和'提及'混为一谈。这里，让我来试试下面的方法。"然后巫师写下了下面这句话，并问这对夫妇它是真的还是假的。

(3) """"冰""""有3对引号。

"这显然是真的。"安娜贝尔说。

"当然是真的！"亚历山大说。

"对不起，但是你们俩都错了，"巫师说，"是的，我写下的内容确实有3对引号，但它*谈论*的内容只有两对引号。正确的表述如下——

(3)′ """"冰""""有两对引号。

"这有点令人困惑。"安娜贝尔说。

"好吧，考虑下面的情况也许会有帮助。下面这句话难道不是真的吗？"

(4) 冰没有引号。

"是的，"亚历山大说，"冰这种物质没有引号。"

"那么下面这句话呢？"巫师问。

(5) "冰"没有引号。

"这是假的，"他们俩之中一个说，"我看到一*对*引号。"

"这是你所*看到*的，"巫师说，"但是这句话所谈论的是没有被引号引起来的'冰'这个字。所以句子(5)是真的! 所*使用*的东西有一对引号,但所谈论或*提及*的东西没有引号。"

"我想我开始明白了!"安娜贝尔说。

"很好,然后请考虑下面这句话。"

(6) ""冰""有一对引号。

"我现在明白了,这是真的。"亚历山大说。

"很好。那么下面这句话呢?"

(7) """冰"""有两对引号。

"是的,这是真的。"安娜贝尔说。

"很好,"巫师说,"现在我想用一种有趣的方式来阐明'使用'和'提及'之间的区别。下面这句话是真的还是假的?"

(8) 读《圣经》比读"圣经"要花更长的时间。

"这当然是真的!"安娜贝尔笑了,"需要长*得多*的时间!"

"在这种情况下,"巫师说,"'圣经'在同一句话中既被使用又被提及。

"现在,让我们来试试这一句。"

(9) 这句话比"这句话"长。

"也是真的。"他们俩都说。

"很好。现在告诉我下面的这句话是用什么语言写的。是法语还是英语?"

(10) "LE DIABLE" IS THE NAME OF LE DIABLE.[①]

"我认为两者都是,"安娜贝尔说,"它既用到了英语单词,又用到了法语单词。"

"没错,"巫师说,"那么下面这句呢?"

(11) "LE DIABLE" IS THE FRENCH NAME OF THE DEVIL.[②]

"也是两者都是,"亚历山大说,"它既包含英语单词,又包含法语单词。"

---

① 这句话的意思是"'恶魔'是恶魔的名字。"其中"le diable"是法语的"恶魔"。——译注
② 这句话的意思是"'恶魔'是恶魔的法语名字。"——译注

"这次错了，"巫师说，"这句话中的两个法语单词都是引用的，因此是被提及，但没有被使用。重要的是，任何一个会阅读英语的人，即使他原来一个法语单词都不认识，也能完全理解这个句子(同时还能学会一点点法语)。另一方面，这样的一个人是无法理解句子(10)的，因为他不知道'le diable'是什么东西的名字。"

自引的句子

"现在，"巫师说，"我想谈谈一些更有趣的问题，那就是如何构造一些自引的句子。"

"假设我们想要构造一个句子，它赋予自己某个属性。确切地说，让我们以这样一个属性为例：这个句子正在被一个叫约翰的人阅读。我们如何构造一个句子来表明约翰正在读这个句子？当然，一种明显的方式是构造下面这个句子。"

(12) 约翰正在读这个句子。

"显然，只有当约翰正在读句子(12)时，句子(12)才是正确的。不过，这个句子中包含*索引*词'这'，而我们想要的是在不使用索引词的情况下实现同样的自引。"

"你说的索引词是什么意思？"安娜贝尔问。

"噢，*索引词*是一个术语，它所指定的对象取决于上下文。例如，'史密斯(James Smith)'不是一个索引词，因为在任何上下文中它都表示史密斯，而'我'这个词通常是一个索引词，因为当一个人使用它时，与当另一个人使用它时，表示的是不同的人。当史密斯说'我'时，他指的是史密斯，而当琼斯(Paul Jones)说'我'时，他指的是琼斯。另一个索引词是'你'，它所指定的对象取决于这个词是对谁说的。另一个索引词是'现在'，当在不同时间点用到它时，它表达了不同时间。"

"逻辑学家斯穆里安半开玩笑地用变色龙词(*chameleonic terms*)来命名

索引词,他在一篇名为'变色龙语言'(*Chameleonic Languages*)的论文中对此进行了描述。正如他在这篇论文中所说:'就像变色龙的颜色取决于周围环境一样,这些索引词的含义在不同的语境也会发生变化。'斯穆里安的一位很有幽默感的朋友在这篇论文发表前就听说了,因此写信给他说:'我听说了你的那些变色龙语言。我确实知道它们是什么,只不过我想当然地认为它们并不是表面上看到的那样。'

"无论如何,我想你现在明白什么是变色龙词或索引词了。短语'这个句子'显然是一个索引词,它所指定的对象取决于它出现在哪个句子中,当然,前提是它在这个句子中是被*引用*而不是被*提及*。"

"我觉得我没听懂这一点。"安娜贝尔说。

"那么,请考虑下面这个句子,告诉我这是真还是假。"

(13) 这个句子有 8 个字。

"这个句子是真的。"亚历山大说,"它确实有 8 个字。"

"对了。"巫师说,"那接下去的这个句子呢?"

(14) 这个句子恰好有 4 个字。

"这显然是假的。"安娜贝尔说。

"对了。那么下面这个句子呢?"

(15) "这个句子"恰好有 4 个字。

"哦,我开始明白你的意思了,"安娜贝尔说,"你写的最后一个句子确实是真的。句子(15)并没有说句子(15)恰好有 4 个字,它显然不止 4 个字,但短语'这个句子'有 4 个字,这确实是真的。另一方面,句子(14)并没有说'这个句子'有 4 个字,而是整个句子(14)恰好有 4 个字,这显然是假的——它有 10 个字。"

"非常好!"巫师说,"我想你们能够区分引用和提及了。你们现在意识到,当'这个句子'被引号引起来时,它就不是索引词,而是表示在引号中出现的那 4 个字。

"现在我想解释的是,如何在不使用索引词的情况下获得自引。"

"为什么要这么做呢?"安娜贝尔问,"使用索引词有什么问题呢? 它们看起来很有用啊!"

"它们当然很有用,"巫师说,"它们适用于像普通英语这样有索引词的那些语言,但对于我将要说到的哥德尔所研究的那种形式数学体系来说,是没有索引词的,因此哥德尔必须在不使用索引词的情况下实现自引。"

"他是怎么做到的?"亚历山大问。

"这就是我正要说的。你知道,在代数中,人们用字母 x 和 y 来代表未知量,而在我们刚刚拜访过的那座岛上,机器人工程师们用这两个字母来代表他们的编程语言中的任何表达式。好了,我现在用字母 x 代表普通英语中的未知表述。

"现在,使用哥德尔的一个基本思想,我将把一个表达式的*对角化*(*diagonalization*)定义为通过整个表达式的引用来替换符号 x 而得出的结果。例如,请考虑下面这个表述:

(1) 约翰正在读 x。

"表述(1)不是一个句子,照这里的情况,它既不是真的,也不是假的,因为我们不知道符号 x 代表什么。如果我们用某个表述的名称来替换 x,那么(1)就变成了一个真实的句子,它是真的还是假的就要视情况而定。我们实际上可以用表述(1)的引用来替换 x,从而得到它的对角化,即:

(2) 约翰正在读"约翰正在读 x"。

"现在,(2)是一个真实的句子,它声称约翰在读表述(1)。当且仅当约翰确实在读(1)时,它才是真的。不过,(2)不是自引的,它没有声称约翰正在读(2),而是声称约翰正在读(1)。要得到一个自引的句子,我们不是从表述(1)开始,而是从以下表述开始。

(3) 约翰正在读 x 的对角化。

"现在让我们来看看表述(3)的对角化是什么样子的。

(4) 约翰正在读"约翰正在读 x 的对角化"的对角化。

"乍一看,(4)可能似乎没有多大意义,但稍加思考就会发现它很有意义,而且更重要的是,它还揭示了一些非常有趣的事情!句子(4)说约翰正在阅读(3)的对角化,但(3)的对角化本身就是(4)。因此句子(4)声称约翰正在读的就是句子(4)!因此(4)是一个自引的句子。这一基本思想是哥德尔提出的。

"我相信这用符号形式来看更容易。让我们用字母J作为'约翰正在读'的缩写,用D作为'的对角化'的缩写。因此(1)用缩写符号来表示就是这样的:

(5) Jx

"它的对角化是:

(6) J"Jx"

"(6)所说的是约翰正在阅读两个字母构成的表述'Jx'——因此(6)说约翰正在阅读(5)。它不是自引的,(6)没有说约翰正在阅读(6)。现在考虑下面的表述。

(7) JDx

"它的对角化是:

(8) JD"JDx"

"(8)所说的是约翰正在读(7)的对角化,但(7)的对角化就是(8)本身。因此(8)是自引的——句子(8)声称约翰正在读句子(8)!

"自引在哥德尔著名的不完备定理中起着至关重要的作用,我稍后会告诉你们这条定理。这里的对角化的思想非常接近于哥德尔为了获得自引而使用的技术。不过,逻辑学家塔斯基[1]、蒯因[2]和斯穆里安后来发现了一些更简单的方法,我现在向你们展示其中的一种方法。

"斯穆里安在一篇题为'可能实现自引的语言'(*Languages in Which Self-*

---

[1] 阿尔弗雷德·塔斯基(Alfred Tarski,1901—1983),波兰裔美国逻辑学家、数学家,在模型理论、元数学、代数逻辑等方面均有重要贡献。——译注

[2] 威拉德·蒯因(Willard Quine,1908—2000),美国哲学家、逻辑学家,在数学逻辑、集合论以及本体论等方面享有盛誉。——译注

Reference Is Possible)的论文中,将表述的*规范*定义为该表述之后跟着其自身的引用。让我们来考虑一个例子。

(9) 约翰正在读

"它的规范是:

(10) 约翰正在读"约翰正在读"

"句子(10)不是自引的,它并没有说约翰正在读(10),而是说约翰正在读(9)。但是现在,让我们先不考虑(9),而是考虑下面这个句子。

(11) 约翰正在读规范化的

"它的规范是:

(12) 约翰正在读规范化的"约翰正在读规范化的"

"句子(12)是自引的,它声称约翰正在读规范化的(11),但规范化的(11)就是(12)本身。

"让我们看看符号形式。和之前一样,我们将使用J作为'约翰正在读'的缩写,现在我们将使用N作为'规范化的'的缩写,因此(11)缩写为:

(13) JN

"因此(12)缩写为:

(14) JN"JN"

"现在,(14)是(13)的规范。此外,(14)声称约翰正在读(13)的规范。因此(14)声称约翰正在读(14),所以(14)是一个自引的句子。

"将基于规范化的自引句子JN'JN'与先前出现的那个基于对角化的句子JD'JDx'作比较。

"使用对角化,可以构造出一个表示自身的表述吗? 是的,一个这样的表述是D'Dx',它表示Dx的对角化,Dx的对角化是D'Dx'。因此D'Dx'表示其自身。

"但使用规范化,解答会更加简单:表述N'N'表示字母N的规范,即N'N'。因此N'N'表示其自身。当然,这与昆西教授的系统中的NQ_1NQ_2相同,只是使用Q_1代替开始引号,使用Q_2代替引号。当昆西说他的系统建立

·3·

使用符号 J、P、R、¤,构造句子 x 和 y,使得 x 声称约翰正在读 y,而 y 声称保罗正在读 x。

使用哥德尔数的自引

"我听说过*哥德尔配数(Gödel numbering)*这个词,"安娜贝尔说,"而且知道哥德尔用它来实现自引。你能给我们解释一下吗?"

"当然可以。你看,在哥德尔研究的数学系统中,句子是探讨数和集合之类的东西,而不是探讨句子。在这些系统中没有引号或其他直接探讨表述的手段。哥德尔通过给每个句子分配一个数,称为句子的*哥德尔数(Gödel number)*,巧妙地绕过了这个问题。于是,粗略地说,句子的哥德尔数就起到了引用句子的作用。

"举一个粗略的例子,假设我给英语中的所有句子都分配了数字,从而能找到一个数 n,它是下面这个句子的哥德尔数。

"约翰正在读这个句子,它的哥德尔数是 n。

"但是 n 正是这个句子的哥德尔数,所以这个句子以一种迂回的方式表示了约翰正在读它本身。

"现在,如何才能做到这一点? 我会告诉你们两种方法——第一种方法采用哥德尔的对角化方法。让我们回到原来的方法上来:用 J 来表示'约翰正在读',用 D 来表示'的对角化',但现在'对角化'一词会有新的含义。

"让我们使用 5 个符号 J、D、x、1、0。我们为这 5 个符号分配各自相应的哥德尔数 10、100、1000、10000、100000。为了便于引用,让我把这 5 个符号重新写一遍,并把它们的哥德尔数写在其下方。

J	D	x	1	0
10	100	1000	10000	100000

"然后,对于由这5个符号组成的任何复合表达式,如果我们将符号替换为其哥德尔数,那么由此得到的数就会是该表达式的哥德尔数。例如,表达式xJ1D的哥德尔数为10001010000100,表达式DJ的哥德尔数为10010。

"我们现在重新定义一个表达式的*对角化*,它不是将符号x替换为该表达式的引用(本系统中没有引用)的结果,而是将符号x替换为该表达式的哥德尔数(当然是用普通的十进制表示法写出的)的结果。例如,Jx的对角化是J101000。DxJ的对角化是D100100010J。

"现在,对于任何哥德尔数n,我们并不把Jn解释为约翰正在读n这个数,而是解释为约翰正在读哥德尔数为n的那个表达式。例如,J10000100表明约翰正在读表达式'1D'。或者,J10表明约翰正在读字母J。或者,J10010表明约翰正在读DJ。

"现在我们将JDn解释为J约翰正在读哥德尔数为n的那个表达式的*对角化*。例如,JD10100010表明约翰正在读取哥德尔数为10100010的那个表达式的对角化。那么,哥德尔数为10100010的表达式是JxJ,而JxJ的对角化是J10100010J。因此,JD10100010声称约翰正在读(无意义的)表达式J10100010J。

"现在应该很清楚如何构造一个句子来声称约翰正在读这个句子了。"

· 4 ·

试找到这个句子。

"现在,哥德尔数的原理可以不以对角化的方式,而以规范化的方式来使用,正如斯穆里安所做的那样。他做的事情大致如下。

"现在让我们使用4个符号J、N、1、0——我们不再需要x了。我们给它们分配各自的哥德尔数10、100、1000、10000。同样,一个复合表达式的哥德尔数是通过将这4个符号都替换为其哥德尔数而得到的。现在,我们将一个表达式的*规范*重新定义为该表达式之后跟着它的哥德尔数。例如,J1JN的规范是J1JN10100010100。我们现在将JNn解释为约翰正在读哥德尔数

为 n 的那个表达式的*规范*(如果 n 不是任何表达式的哥德尔数,那么我们认为 JNn 为假。)"

·**5**·

现在,哪句简单句子表示约翰正在读它?

巫师的特殊系统

"最近,"巫师带着相当骄傲的微笑说,"我想到了另一种自引方案,它既不使用引号,也不使用哥德尔数,并且在自引和交叉引用方面都可以非常灵活地使用。它与辛普森的编程方法非常相似。"

"对于任何表达式 x,我现在用 Jx 表示约翰正在读的正是表达式 x。我不想在 x 两边加引号,也不想在 x 前面加一个星号,也不想使用 x 的哥德尔数。我将大胆地用 Jx 来表示约翰正在读 x。而现在我用 J̇x 来表示约翰正在读 x 的重复。因此,J̇x 表示约翰正在读 xx。(另外,Jxx 的意思也是一样的。)

"自引现在变得完全不值一提了;句子 J̇j 声称约翰正在读的 j 重复,也就是 jj。因此 J̇j 表示约翰正在读的正是句子 J̇j。这是获得自引的一种可以想到的最简单方法。

"交叉引用,虽然不是那么简单,但与我们讨论过的其他方法相比,仍然是相对简单的。我会用 Px 表示保罗正在读 x,用 Ṗx 表示保罗正在读 xx。对于威廉也是同样,我会类似地使用 W 和 Ẇ。那么,你能看出如何构造句子 x、y、z,使得 x 表示约翰正在读 y,y 表示保罗正在读 z,而 z 表示威廉正在读 x 吗?"

·**6**·

解答是什么?

解答

1. 一种解答：　　　　x = J ¤ PA ¤ J ¤ PA　　　　y = PA ¤ J ¤ PA

　　另一种解答：　　x = JA ¤ P ¤ JA　　　　　y = P ¤ JA ¤ P ¤ JA

2. 一种解答：　　　　x = J ¤ P ¤ WA ¤ J ¤ P ¤ WA

　　　　　　　　　　y = P ¤ WA ¤ J ¤ P ¤ WA

　　　　　　　　　　z = WA ¤ J ¤ P ¤ WA

（至少还有另两种解答。）

3. 一种解答：　　　　x = J ¤ PR ¤ J ¤ PR ¤　　　y = PR ¤ J ¤ PR ¤

　　另一种解答：　　x = JR ¤ P ¤ JR ¤　　　　y = P ¤ JR ¤ P ¤ JR ¤

4. JD101001000

5. JN10100

6. 第一个问题是要构造 x 和 y，使得 x 声称约翰正在读 y，y 声称保罗正在读 x。

　　　　　　一种解答：　　x = $\dot{J}PJP$　　　　y = $\dot{P}JP$

　　　　　　第二种解答：x = $\dot{J}PJ$　　　　　y = $\dot{P}JP\dot{J}$

与我们见过的其他方法相比，这无疑是非常简练的——干净而简单。我向巫师致敬！

现在来看巫师的那个周期为 3 的循环问题。有以下 3 种解答：

x:	$\dot{J}PW\dot{J}PW$	$\dot{J}PWJP$	$\dot{J}PWJ$
y:	$\dot{P}WJPW$	$\dot{P}WJP$	$PWJPWJ$
z:	$\dot{W}JPW$	$WJPWJP$	$W\dot{J}PWJ$

第15章

巫师的微型哥德尔式语言

"今天，"巫师说，"我想向你们展示哥德尔著名的不完备定理的一个微型版本。它是我们上次讨论的问题与稍后将要讨论的内容之间的一座桥梁。我现在要介绍的系统是斯穆里安'语言'的一个现代化的、精简的版本。我将使用我上次向你们展示的无引用方式来代替斯穆里安的单边引用。"

"在这个系统中，各种各样的句子都可以得到证明。这个系统使用4个符号P、Ṗ、Q、Q̇。符号P表示该系统中的可证明性——因此，对于该系统的语言中的一个任意表达式X，PX表明X在该系统中是可证明的，而相应地当且仅当X在该系统中可证明时，X才会被称为真。符号Q代表在该系统中的不可证明性，对于一个任意表达式X，QX表明X在该系统中是不可证明的，并且仅当X在该系统中不可证明时，QX才被称为真。接下来，ṖX意味着XX在该系统中是可证明的，并且当且仅当此情况成立时，XX才为真。最后，Q̇X表示XX在该系统中不可证明，并且当且仅当XX在该系统中不可证明时，XX才被称为真。当我们提到一个句子时，指的是形式为PX、ṖX、QX、Q̇X四者中的任意一个表达式，其中X是上面四个符号P、Ṗ、Q、Q̇的一个任意组合。从现在开始，我使用*可证明*这个词来表示在该系统中是可证明的。让我们回顾一下下列基本事实。

（1）PX表明X是可证明的。

（2）QX 表明 X 是不可证明的。

（3）$\dot{P}$X 表明 XX 是可证明的。

（4）$\dot{Q}$X 表明 XX 是不可证明的。

"我们看到，这个系统是自引的，因为它证明了各种声称该系统能证明什么和不能证明什么的句子。我们知道这个系统是完全准确的，因为该系统中每一个可以证明的句子都是真的，换句话说，以下4个条件成立（其中X是一个任意表达式）。

C_1：如果 PX 是可证明的，那么 X 也是可证明的。

C_2：如果 QX 是可证明的，那么 X 是不可证明的。

C_3：如果 $\dot{P}$X 是可证明的，那么 XX 也是可证明的。

C_4：如果 $\dot{Q}$X 是可证明的，那么 XX 是不可证明的。

"那么，仅仅由于在该系统中每一句可以证明的句子都是真的，并不一定意味着该系统中每一句真的句子都是可以证明的。事实上，这个系统中恰好有一个句子是真的，但是不可证明。你能找出这个句子吗?"

· 1 ·

试找出一句在该系统中不可证明的真的句子。

可驳倒的句子。对于每一个句子，我们定义它的*共轭*（*conjugate*）如下。PX 的共轭是 QX，QX 的共轭是 PX。$\dot{P}$X 的共轭是 $\dot{Q}$X，$\dot{Q}$X 的共轭是 $\dot{P}$X。因此，句子 PX 和 QX 互为共轭，而句子 $\dot{P}$X 和 $\dot{Q}$X 互为共轭。给定的任何共轭对，显然其中一真一假。

如果一个句子（在该系统中）的共轭是可证明的，那么就称这个句子为（在该系统中）*可驳倒的*（*refutable*）。因此，当且仅当 QX 可证明时，PX 是可驳倒的，当且仅当 QX 可驳倒时，PX 是可证明的。对于 $\dot{P}$X 和 $\dot{Q}$X 也是如此。

· 2 ·

试找到一个句子，它声称自己是可驳倒的。

·**3**·

试找到一个句子,它声称自己是不可驳倒的。

·**4**·

什么句子声称自己是可证明的?

不可判定的句子。"如果一个句子(在该系统中)既不是可证明的也不是可驳倒的,那么(在该系统中)就称它为是*不可判定的*(*undecidable*)。"巫师说。"现在,正如你在第1题的解答中所看到的,句子$\dot{Q}\dot{Q}$是真的,但在该系统中不可证明。既然它是真的,那么它的共轭$\dot{P}\dot{Q}$就是假的,因此在该系统中也不可证明。因此,$\dot{Q}\dot{Q}$在该系统中是不可判定的。

"我的论证借助了真的概念,但即使不借助于这个概念,我们也可以由条件C_1到C_4的直接结果得到$\dot{Q}\dot{Q}$的不可判定性,证明如下:假设$\dot{Q}\dot{Q}$是可证明的。于是根据C_4(取X为$\dot{Q}$),那么$\dot{Q}$的重复是不可证明的,这意味着$\dot{Q}\dot{Q}$是不可证明的。因此,如果$\dot{Q}\dot{Q}$是可证明的,那么它就是不可证明的,这是一个矛盾。因此,$\dot{Q}\dot{Q}$是不可证明的。如果它的共轭$\dot{P}\dot{Q}$是可证明的,那么根据C_3(取X为$\dot{Q}$),$\dot{Q}\dot{Q}$就会是可证明的,而我们刚才所看到的并不是这种情况。所以$\dot{P}\dot{Q}$也是不可证明的。因此,句子$\dot{Q}\dot{Q}$在该系统中是不可判定的。"

"请告诉我,"安娜贝尔说,"句子$\dot{Q}\dot{Q}$是唯一为真但不可证明的句子吗,还有其他句子吗?"

"句子$\dot{Q}\dot{Q}$,"巫师回答说,"是我所知道的唯一具有以下性质的句子:对于*每一个*满足条件C_1到C_4的系统,它对于该系统都是真的,并且在该系统中是不可证明的。但是,正如你们稍后将会看到的,对于任一满足C_1到C_4的系统而言,在该系统中还有其他一些为真但不可证明的句子。正如我说过的,$\dot{Q}\dot{Q}$是我所知道的唯一对*所有*满足C_1到C_4的系统都同时成立的句子。"

然后,巫师提出了下列各题——

5. 一些固定点性质

试证明对于一个任意表达式E,都有一个句子X声称EX是可证明的

（当且仅当 EX 可证明时 X 为真），还有某个 X 声称 EX 是不可证明的。

6. 一些反固定点性质

对于任何句子 X，假设 $\bar{X}$ 是 X 的共轭。

试证明对于任何表达式 E，都有某一句子 X 声称 $E\bar{X}$ 是可证明的，有某一句子 X 声称 $E\bar{X}$ 是不可证明的。

接下去，巫师提出了交叉引用中的一些问题。

· 7 ·

试找到句子 X 和 Y，使得 X 声称 Y 是可证明的，而 Y 声称 X 是不可证明的（有两种解答）。然后证明 X,Y 中至少有一个句子是真的，但不可证明（尽管无法判断是哪一句）。

· 8 ·

现在找到句子 X 和 Y，使得 X 声称 Y 是可驳倒的，而 Y 声称 X 是不可驳倒的。（有两种解答。）然后证明其中至少有一句是假的，但不可驳倒（尽管无法判断是哪一句）。

· 9 ·

找到句子 X 和 Y，使得 X 声称 Y 是可证明的，而 Y 声称 X 是可驳倒的。（有两种解答。）然后证明其中一句是真的且不可证明，或者另一句为假但不可驳倒。X、Y 中的哪句是哪种情况？

· 10 ·

找到句子 X 和 Y，使得 X 声称 Y 是不可证明的，而 Y 声称 X 是不可驳倒的。这是否意味着其中一句必定是不可判定的？

· 11 ·

找到句子 X、Y、Z，使得 X 声称 Y 是可驳倒的，Y 声称 Z 是不可驳倒的，Z 声称 X 是可证明的。这 3 句之中必定有一句是不可判定的吗？

· 12 ·

"我之前说过，"巫师说，"对于任何满足条件 C_1 到 C_4 的系统，除了 $Q\bar{Q}$ 之外,还有一些句子是真的,但在该系统中是不可证明的。你现在可以证明这一点了。你知道怎么证明了吗?"

规则性。巫师说:"如果在一个系统中条件 C_1 和 C_3 的逆命题成立——也就是说,如果 X 是可证明的,那么 PX 也是可证明的,如果 XX 是可证明的,那么 $\dot{P}$X 也是可证明的,那么我就把这样的系统称为规则的(regular)。结合 C_1 和 C_3,告诉我们当且仅当 X 可证明时,PX 是可证明的,而当且仅当 XX 可证明时,$\dot{P}$X 是可证明的。我可以说明一下:此规则性与在哥德尔曾研究过的那类系统中确实成立的那种情况有类似性,我会在下一次再更多地谈论这个问题。正如你们很快将看到的,规则系统有一些有趣的特性。

"让我将肯定句定义为具有 PX 或 $\dot{P}$X 形式的句子,将否定句定义为具有 QX 或 $\dot{Q}$X 形式的句子。肯定句声称某些句子是可证明的;否定句声称某些句子是不可证明的。现在,让我们注意到,如果系统是规则的,那么所有真的肯定句都是可证明的,反过来,如果所有的真的肯定句都是可证明的,那么该系统就是规则的。"

· 13 ·

为什么当且仅当所有真的肯定句都可证明时,系统才是规则的?

"所以,"巫师继续说,"我们看到在一个规则系统中,只有否定句可能为真但不可证明。任何声称某件事是可证明的句子,如果是真的,那么它本身就一定是可证明的。"

· 14 ·

如果一个系统是规则的,由此是否必然能得出每一个假的否定句都是可驳倒的?

"规则系统有一些有趣的特性,"巫师说,"你们即将看到。"

· 15 ·

首先,在一个规则系统中,第7题到第10题中的那些模糊性消失了——也就是说,如果我们假设系统是规则的,那么在第7题中,我们就可以判断是真的但不可证明的是X还是Y。到底是哪一句? 在第8题中,为假但不可驳倒的是X还是Y;在第9题中,是X为真但可证明,还是Y为假但不可驳倒;在第10题中,不可判定的是X吗? 当然,所有这些都是基于规则性这一假设。

"让我们注意到,"巫师说,"对于满足给定条件C_1到C_4的任何系统,无论该系统是否规则,如果E是P的任何字符串,那么如果EX是可证明的,那么X也是可证明的。这是由C_1的重复应用而得到的。例如,如果PPPX是可证明的,那么PPX也是可证明的(根据C_1);因此PX也是可证明的(仍然是根据C_1);因此X也是可证明的(还是根据C_1)。你可以很容易看出,如果E包含四个或更多的P,或者E包含两个P或只包含一个P,这样的情况也成立。因此,如果E是P的*任何字符串*,那么若EX是可证明的,则X也是可证明的。对于一个规则系统而言,逆命题也成立——也就是说,如果X是可证明的,那么EX也是可证明的,其中E是P的任何字符串。因为如果X是可证明的,并且该系统是规则的,那么PX就是可证明的(根据规则性),因此PPX也是可证明的,依此类推。因此,对于一个规则系统,如果E是P的任意字符串,那么当且仅当X可证明时,EX才是可证明的。

"关于规则系统的另一件事是:对于满足C_1到C_4的任何系统,当且仅当PXX为真时,PX为真,因为当且仅当XX可证明时,两者才为真。但是,如果没有规则性,就没有理由认为当且仅当PXX可证明时,PX才是可证明的。如果其中一个是可证明的,那么另一个就是真的,但这并不意味着另一个是可证明的。然而,如果系统是规则的,那么当且仅当PXX可证明时,PX才是可证明的。"

· 16 ·

为什么在一个规则系统中,当且仅当PXX可证明时,PX才是可证明的?

"关于规则系统有一件特别有趣的事情,"巫师说,"我们已经看到,在满足条件C_1到C_4的任何系统中,有无限多句子对该系统是真的,但在该系统中是不可证明的。但这并不意味着有无限多句子能使得每个句子对于满足条件C_1到C_4的*所有*系统都是真的,同时又在*所有*这样的系统中都是不可证明的。然而,存在着无限多的句子X,使得对于满足C_1到C_4的每个*规则*系统,每个X在该系统中都是真的,但在该系统中是不可证明的。"

· 17 ·

你能证明这一点吗?

"今天向你们展示的内容,"巫师说,"在被称为元数学(*metamathematics*)的领域中有一些应用。元数学即关于数学系统的理论。我的微型系统为解释哥德尔的那条著名的不完备定理提供了一种方式。"

"让我们考虑一个数学系统(M),其中有一些明确的规则,它们在(M)中指定某些句子为真,而其他句子是可证明的。假设我们想知道(M)在以下意义上是否完备:(M)中的所有真句子在(M)中都是可证明的。现在可以证明,如果(M)是哥德尔研究过的众多系统中的任何一个,那就有可能将我的系统*翻译*到(M)中,这指的是对应于我的系统的每一个句子X,在系统(M)中都有一个句子X¤,使得当且仅当在(M)中的相应句子X¤是(M)中的真句子时,X在我的系统中为真;并且,当且仅当X¤在(M)中可证明时,X在我的系统中是可证明的。你们意识到这会带来什么后果吗?这意味着,对于每一个这样的系统(M),必定存在(M)中的一句真实句子,它在(M)中是不可证明的——它是否为真只能在该系统之外才能知道。因此,能把我的系统翻译成的任何系统(M)都不可能是完备的。你们能理解为什么会这样吗?"

· 18 ·

为什么会这样？

"这一切都真是太了不起了!"安娜贝尔说。

"确实是这样!"亚历山大表示赞同。

"下一次你会告诉我们些什么?"安娜贝尔问。

"你们下次来的时候,"巫师调皮地笑着回答,"我会为你们准备一个非常独特的悖论。"

"我很期待,"安娜贝尔说,"我一直对悖论很感兴趣。"

解答

1. 这个句子是 $\dot{Q}\dot{Q}$。它声称 $\dot{Q}$ 的重复是不可证明的,但 $\dot{Q}$ 的重复是 $\dot{Q}\dot{Q}$。因此,当且仅当 $\dot{Q}\dot{Q}$ 在该系统中不可证明时,$\dot{Q}\dot{Q}$ 才为真。这意味着它要么为真而不可证明,要么为假而可证明。给定的条件是,该系统中只有真句子才是可证明的,因此后一个选项就与给定条件相矛盾了。因此,前一个选项成立——这个句子是真的,但在该系统中不可证明。(这个句子改编自哥德尔的那句声称自己不可证明的著名句子。)

2. $\dot{P}\dot{Q}$ 声称 $\dot{Q}$ 的重复——即 $\dot{Q}\dot{Q}$——是可证明的。但是 $\dot{Q}\dot{Q}$ 是 $\dot{P}\dot{Q}$ 的共轭。所以 $\dot{P}\dot{Q}$ 声称它的共轭是可证明的,或者,同样可说成是它本身是可驳倒的。

3. 这个句子就是 $\dot{Q}\dot{P}$。它声称句子 $\dot{P}\dot{P}$——它是 $\dot{Q}\dot{P}$ 的共轭——是可证明的。

4. $\dot{P}\dot{P}$ 声称自己是可证明的。

5. 一个声称 EX 可证明的句子 X 是 $\dot{P}E\dot{P}$,它声称 EP 的重复是可证明的。但 E$\dot{P}$ 的重复是 EPEP,也就是 EX。

一个声称 EX 不可证明的句子 X 是 $\dot{Q}E\dot{Q}$。

6. 一个声称 E$\bar{X}$ 可证明的句子 X 是 $\dot{P}E\dot{Q}$。一个声称 E$\bar{X}$ 不可证明的句子 X 是 $\dot{Q}E\dot{P}$。

7. 取某个 X，使之声称 QX 是可证明的，然后取 Y = QX（它声称 X 是不可证明的），就可以得到一种解答。这就会给出解答

$$X=\dot{P}Q\dot{P},\ Y=\dot{Q}\dot{P}Q\dot{P}$$

取某个 Y，使之声称 PY 是不可证明的，即 Y = $\dot{Q}P\dot{Q}$，然后取 X = PY，就可以得到另一种解答。我们由此得到的另一种解答是

$$X=P\dot{Q}P\dot{Q},\ Y=\dot{Q}P\dot{Q}$$

在这两种解答中，X 都声称 Y 是可证明的，而 Y 都声称 X 是不可证明的。因此，当且仅当 Y 可证明时，X 为真，以及当且仅当 X 不可证明时，Y 为真。现在，如果 X 和 Y 是*任何*两个相互之间具有这两种关系的句子，那么其中一个必定为真，但不可证明，其论证如下：假设 X 是可证明的，那么 X 是真的。因此 Y 是可证明的，因此 Y 是真的。因此 X 是不可证明的，这就矛盾了。因此，X 不可能是可证明的。由此可知 Y 必定为真。所以，X 肯定不是可证明的，而 Y 肯定是真的。现在，X 要么是真的，要么不是。如果 X 是真的，那么 X 为真但不可证明。如果 X 不是真的，那么 Y 是不可证明的（因为当且仅当 Y 可证明时 X 为真）。因此得出 Y 是真的，但是不可证明的。

总之，X 是不可证明的，且 Y 是真的。如果 X 是真的，那么为真但不可证明的就是 X；如果 X 为假，那么为真但不可证明的就是 Y。

8. 解答1：　　　　　X = P$\dot{P}$Q$\dot{P}$　　　　　Y = $\dot{Q}$Q$\dot{P}$

　　解答2：　　　　　X = $\dot{P}$P$\dot{Q}$　　　　　Y = Q$\dot{Q}$P$\dot{Q}$

（把 X 取为上一题的 Y 的共轭，把 Y 取为上一题的 X 的共轭，就得到了这些解答。）

现在，X 声称 Y 是可驳倒的，因此 X 声称 $\bar{Y}$ 是可证明的；因此 $\bar{X}$ 声称 $\bar{Y}$ 是不可证明的。同样，Y 声称 X 是不可驳倒的，因此 Y 声称 $\bar{X}$ 是不可证明的；因此 $\bar{Y}$ 声称 $\bar{X}$ 是可证明的。于是根据上一题，把 X 取为 $\bar{Y}$，把 Y 取为 $\bar{X}$，我们就看到在 $\bar{X}$、$\bar{Y}$ 之中至少有一个为真但不可证明，因此 X、Y 中的一个为假但不

可驳倒。(当然,我们可以从头开始证明这一点——如果读者有任何疑问的话,可以尝试一下——但为什么要去重复已经完成了的工作?)

9. 一种方法是取一个声称 P$\bar{\text{X}}$ 可证明的 X,然后取 Y=P$\bar{\text{X}}$。另一种方法是取某个声称 QY 可证明的 Y,然后取 X = PY。由此我们得到下面两个解答:

解答1:　　　　X = $\dot{\text{P}}$P$\dot{\text{Q}}$　　　　　　Y = P$\dot{\text{Q}}$P$\dot{\text{Q}}$

解答2:　　　　X = $\dot{\text{P}}$PQ$\dot{\text{P}}$　　　　　Y = P$\dot{\text{Q}}$P

假设 X 为真,那么 Y 就是可证明的(如 X 所声称的),因此 Y 为真,因此 X 是可驳倒的(正如 Y 所声称的),而这是不可能的。因此,X 不可能是真的,它一定是假的。于是 Y 就是不可证明的(正如 X 所声称的),所以我们现在知道 X 是假的,而 Y 是不可证明的。如果 X 是不可驳倒的,则 X 为假但不可驳倒。另一方面,如果 X 是可驳倒的,那么 Y 所声称的就是真的,因此 Y 为真但不可证明。所以,要么 X 为假但不可驳倒,要么 Y 为真但不可证明。

10. 我们可以简单地分别取上面一题的 X 和 Y 的共轭,并将它们互换,从而得到下面两个解答:

解答1:　　　　X = Q$\dot{\text{Q}}$P$\dot{\text{Q}}$　　　　　Y = $\dot{\text{Q}}$P$\dot{\text{Q}}$

解答2:　　　　X = $\dot{\text{Q}}$Q$\dot{\text{P}}$　　　　　Y = Q$\dot{\text{P}}$Q$\dot{\text{P}}$

将我们对上面一题的分析不是分别应用于 X 和 Y,而是分别应用于 $\bar{\text{Y}}$ 和 $\bar{\text{X}}$,我们就会看到要么 $\bar{\text{Y}}$ 为假但不可驳倒,要么 $\bar{\text{X}}$ 为真但不可证明。这意味着要么 X 为假但不可驳倒,要么 Y 为真但不可证明。

11. 我们只给出一种解答。取一个声称 PQX 可证明的 X,然后把 Y 取为 QQX,Z 取为 PX,就可以得到这个解答。这样,X 声称 Y 是可驳倒的,Y 声称 QX 是不可证明的(或者相当于声称 PX 是不可驳倒的),但是 PX 就是 Z。当然,Z 声称 X 是可证明的。因此,我们就有以下解答:

$$\text{X} = \dot{\text{P}}\text{PQ}\dot{\text{P}} \qquad \text{Y} = \text{QQ}\dot{\text{P}}\text{PQ}\dot{\text{P}} \qquad \text{Z} = \dot{\text{P}}\dot{\text{P}}\text{PQ}\dot{\text{P}}$$

现在,假设 Z 是真的。那么 X 就是可证明的,因此是真的;因此 Y 是可驳倒的,因此是假的;因此 Z 是可驳倒的,因此是假的;于是我们就得出了一个矛盾。因此,Z 不可能是真的,Z 是假的。那么同样,X 是不可证明的。如果 X 是真的,那么 X 为真但不可证明。假设 X 是假的。那么 Y 是不可驳倒的。如果 Y 为假,那么 Y 为假但不可驳倒。如果 Y 是真的,那么 Z 是不可驳倒的。因此,以下 3 件事中的一件必定成立:(1) X 为真但不可证明;(2) Y 为假但不可驳倒;(3) Z 为假但不可驳倒。

12. 这是直接从第 7 题引申而来。我们知道在任何满足条件 C_1 到 C_4 的系统中,$P\dot{Q}P$、$QP\dot{Q}P$ 这两句中至少有一句为真,但在该系统中是不可证明的。对于 $P\dot{Q}P\dot{Q}$、$\dot{Q}P\dot{Q}$ 这两句也一样。当然,我们原来的那个随时待命的 $\dot{Q}Q$ 也为真,但在该系统中是不可证明的。因此,该系统至少包含 3 句为真但不可证明的句子。(实际上,有无限多句这样的句子——例如,$PP\dot{Q}PP\dot{Q}$、$P\dot{Q}PP\dot{Q}$、$\dot{Q}PP\dot{Q}$ 这 3 句中必定有一句为真但不可证明。另外,$PPP\dot{Q}PPP\dot{Q}$、$PP\dot{Q}PPP\dot{Q}$、$P\dot{Q}PPP\dot{Q}$ 这 4 句中有一句为真但不可证明,等等。)

13. 假设系统是规则的。考虑一个肯定句 X。它的形式要么是 PY,要么是 $\dot{P}Y$ 的形式。如果 PY 为真,那么 Y 就是可证明的。根据规则性,PY 是可证明的。如果 $\dot{P}Y$ 为真,那么 YY 就是可证明的。因此根据规则性,$\dot{P}Y$ 就是可证明的。这表明,规则性意味着所有真的肯定句都是可证明的。

反过来,假设所有真的肯定句都是可证明的。即,假设 Y 是可证明的,那么 PY 就是真的,从而是可证明的(根据假设)。另外,如果 YY 是可证明的,那么 $\dot{P}Y$ 就是真的。因此是可证明的(根据假设),因此该系统是规则的。

14. 当然是这样的! 假设该系统是规则的。现在假设 X 为任何假的否定句。那么它的共轭 $\bar{X}$ 就是一个真的肯定句,因此 $\bar{X}$ 是可证明的。因此,X 是可驳倒的。

15. 假设该系统是规则的。那么,正如我们已经证明的,所有真的肯定句在该系统中都是可证明的,所有的假否定句都是可驳倒的。

在第 7 题中,X 是一句肯定句,因此 X 不可能为真且不可证明,因此当然是 Y 为真且不可证明。这适用于 X 和 Y 的两个解答中的任何一个。因此,在每一个*规则*系统中,$QP\dot{Q}P$ 和 $\dot{Q}P\dot{Q}$ 这两个句子都为真且不可证明。

在第 8 题中,若一个句子是假的,但又是不可驳倒的,那就不会是 Y,因为 Y 是一句否定句,所以解答必定是 X。

在第 9 题中,一个句子要是真的,又是不可证明的,那就不会是 Y,因为 Y 是一句肯定句,所以一定是 X 为假但不可驳倒。

在第 10 题中,一个句子要是假的,又是不可驳倒的,那就不会是 X,因为 X 是一句否定句,所以是 Y 为真但不可证明。

16. 假设该系统是规则的。那么当且仅当 $\dot{P}X$ 为真时,PX 才是可证明的,当且仅当 XX 可证明时,$\dot{P}X$ 才是真的,而当且仅当 PXX 为真时,XX 才是可证明的,而当且仅当 PXX 可证明时,PXX 才是真的。

更简单地说,我们知道,当且仅当 PXX 为真时,$\dot{P}X$ 是真的(其中任何一个是否为真就等同于 XX 是否可证明),但 $\dot{P}X$ 和 PXX 都是肯定句,而对于一个规则系统而言,肯定句是否为真和它是否可证明性是一致的。

17. 如果 E 是 P 的任何字符串,那么对于*所有*规则系统,句子 $\dot{Q}E\dot{Q}$ 必定为真且不可证明。首先,即使对于不一定规则的系统而言,$E\dot{Q}E\dot{Q}$ 不可能是可证明的,因为如果它是可证明的,那么 $\dot{Q}E\dot{Q}$ 就会是可证明的(通过重复应用 C_1)。因此 $E\dot{Q}E\dot{Q}$ 不会是可证明的(根据 C_3),于是就产生了一个矛盾。因此,$E\dot{Q}E\dot{Q}$ 是不可证明的。因此,$\dot{Q}E\dot{Q}$ 也必定为真。但是现在,如果我们加上该系统是规则的假设,那么若 $\dot{Q}E\dot{Q}$ 是可证明的,则 $E\dot{Q}E\dot{Q}$ 也会是可证明的,而事实并非如此。因此,$\dot{Q}E\dot{Q}$ 在任何规则系统中都是不可证明的——但在所有规则系统中(当然是满足 C_1 到 C_4 的系统)都是真的。

18. 由于在巫师的系统中有一句真的句子 X 在他的系统中是不可证明的(例如,我们在第 1 题的解答中看到过的句子 $\dot{Q}\dot{Q}$),因此它将 X 翻译到(M)中的结果就必定得到(M)中的一句真的句子,而该句子在(M)中是不可证明的。

第五部分

这些事情怎么会这样？

◆ 第 16 章 ─────────────────

值得思考的事情！

安娜贝尔和亚历山大在他们的下一次拜访中听到了他们一生中听到过的最令人困惑的悖论！

"在我告诉你们这个悖论之前，"巫师说，"我会先告诉你们一道关于概率的小题目，这道题目引起了很大的争议。许多人给出了错误的答案，还坚持认为他们是对的，任何论据都不能使他们相信自己是错的。这个问题引起你们的兴趣了吗？"

"当然。"他们俩齐声回答。

"好吧，这道题目是：你有 3 个封闭的盒子——分别称为 A、B、C。其中一个盒子里装有奖品，另外两个是空的。你随机选择这 3 个盒子中的一个，比如说盒子 A。在你打开盒子看你是否中奖之前，我打开另外两个盒子中的一个——比如说盒子 B——并向你展示它是空的。然后让你再选择一次。你可以选择保留你已经选中的盒子 A 里的东西，或者换成第三个盒子——盒子 C——里的东西。这里的问题是：你将盒子 A 换成盒子 C 是否会带来任何概率上的优势？"

---

① 这个问题也称为"蒙提·霍尔问题"（Monty Hall problem），可参见《数学奇观——让数学之美带给你灵感与启发》，涂泓译、冯承天译校，上海科技教育出版社，2015 年。
　　——译注

经过一番思考之后,安娜贝尔回答说:"不会,我是否换选不会有任何区别。当我第一次选择盒子A时,我的盒子里有奖品的概率是三分之一。但是当我看到盒子B是空的时,我的盒子里有奖品的概率就变成了二分之一。也就是说,现在奖品在盒子A中或盒子C中的概率是均等的,因此我换选既没有任何好处也没有任何坏处。"

"我完全同意。"亚历山大说。

巫师面露微笑。"是的,大多数人都是这样想的,"他说,"但大多数人都错了。换选肯定是对你有利的。你的中奖概率将从三分之一增加到三分之二。"

"我一点也看不出来!"安娜贝尔说,"怎么会这样呢?难道你不认同,一开始3个盒子中的每一个装有奖品的概率都一样吗?"

"当然是一样的。"巫师回答。

"那么,一旦你知道它不在盒子B中,它在盒子A或盒子C中的概率仍是一样的。这不是显而易见吗?"

"不,并不是,"巫师回答,"这甚至是不对的。你忘了是我打开了一个盒子。我故意打开了一个我知道是空的盒子。"

"那又怎样?"亚历山大说,"倘若你在我们选择盒子A之前打开了盒子B,并向我们展示了它是空的。你是想告诉我们,这样奖品在盒子C里的概率就比在盒子A里的概率高了吗?"

"不,"巫师回答,"在那种情况下,两个概率显然是均等的。"

"你每分钟都在使我更困惑!"亚历山大喊道,"听着,让我这么说吧。假设我选择了一个盒子——比如说盒子A,而安娜贝尔选择了另一个盒子——比如说盒子C。然后你打开盒子B,并向我们展示它是空的。按照你的逻辑,我与安娜贝尔交换盒子对我有利,但她与我交换盒子对她也同样有利,这显然是荒谬的!"

"如果按照我之前所说的,那当然会是这样,但事实并非如此。这是一种完全不同的情况!如果你选择盒子A,你妻子选择盒子C,然后我打开盒子 B 并向你们展示它是空的,那么奖品在盒子 A 或盒子 C 里的概率当然是相等的。"

"我看不出两者之间有什么区别。"安娜贝尔说。

"区别在于,在第二种情况下,当你们各自提前选择一个盒子时,我对于要打开剩下哪个盒子没有选择,因为此时只剩下一个盒子了。有三分之一的概率,我会无法做到打开盒子 B 并展示它是空的,因为它有三分之一的概率不是空的。但在第一种情况下,当你们都选择盒子 A 时,我就可以选择打开盒子 B 或盒子 C 并展示一个空盒子:我总是可以确保向你们展示一个空盒子。不管你们选的盒子 A 里是否有奖品,剩下的两个盒子中至少有一个是空的,而既然我知道奖品在哪里,我就只需要打开其中一个我已经知道是空的盒子。我向你们展示了这个空盒子,而这并没有给你丝毫额外的信息,因为我*总是*能设法做到向你们展示一个空盒子。"

"现在,"巫师继续说,"如果连我自己都不知道奖品在哪里,那就不一样了。如果我只是随机地打开盒子 B 或盒子 C,而你们看到那个盒子是空的,那么盒子 A 里有奖品的概率确实会从三分之一跃升到二分之一。在这种情况下,把你的盒子换选成盒子 C 会对你既没有好处也没有坏处。或者,换句话说,假设你选择盒子 A。然后用掷硬币来决定是打开盒子 B 还是打开盒子 C——比如说正面朝上表示我们打开盒子 B,反面朝上表示我们打开盒子 C。掷出的硬币正面朝上。因此,要打开的是盒子 B。但是现在,好好记着!在盒子 B 打开之*前*,奖品会在里面是有一个真实概率的——事实上,它会在里面的概率是三分之一。然后,盒子被打开,我们看到里面是空的。在这种情况下,你确实获得了更多的信息,现在的概率与你的盒子 A 里有奖品的概率相等。但是如果没有扔硬币,而是我有打开哪个盒子的选择权,而且我知道奖品在哪里,那么我选择打开的盒子肯定是空的。如果奖品碰巧在盒子 B 里,我就不会打开它,我会打开空盒子 C。所以我向你们展示一个空盒子并没有给你们任何有用的信息。"

"看待这个问题的正确方式是:你选择盒子 A,于是你手里有奖品的概率是三分之一。然后我故意打开一个我知道是空的盒子,并向你们展示它是空的。关于你的盒子里是否有奖品的概率,你没有获得任何新信息,这个概率仍然是三分之一。但你已获得了关于盒子 C 的信息,现在盒子 C 中有奖品的概率变成了三分之二,而此前这一概率仅为三分之一。所以你绝对应该换选。"

"我想我开始明白你在说什么了,"安娜贝尔说,"但说实话,我还没有确信。我还得再想一想。"

"嗯,也许下面的说法会对你有所帮助,"巫师说,"为了更生动地说明我的观点,假设我们不是只有 3 个盒子,而是有 100 个盒子,其中只有一个盒子里有奖品。你随机选择一个盒子。你的盒子里有奖品的概率就是一百分之一,是吗?"

"当然是这样。"他们俩都同意。

"好了,"巫师说,"那样就剩下 99 个盒子,而我知道奖品在哪里。然后我故意挑选出 98 个空盒子,打开它们,向你们展示它们都是空的。你真的认为你的盒子里有奖品的概率从百分之一上升到了一半吗?"

"这样讲述就清楚多了,"安娜贝尔说,"不过,我还是想再考虑考虑。"

讨论。巫师当然是对的,但令人惊讶的是,有那么多人永远不会信服!我确信,正在阅读这些内容的读者中也有一些人永远不会信服。你们中的大多数人会信服,但也有一些人不会。你们中的那些不相信巫师的论点的人,我愿意用一百个盒子和你们玩上几十局,给你们十比一的赔率。你们很快就会发现自己要输得精光了!

信封悖论

"现在我想告诉你们一个非常令人费解的悖论,它在过去几年里广为流传。"巫师说。

"桌上有两个封了口的信封。现在我告诉你们,其中一个信封里装的钱是另一个信封里的两倍。你从中挑选一个信封,打开看到了里面装有多少钱。假设你在里面找到了 100 美元。然后你有两种选择:选择保留它或用它换另一个信封。现在,另一个信封里要么有两倍的钱,要么有一半的钱,两者的概率相等。因此,另一个信封有 200 美元或 50 美元的概率相等,而且你的输赢概率也是相等的。因此,如果你换选另一个信封,你的赢率会比较大。"

"这听起来完全合乎逻辑。"安娜贝尔说。

亚历山大表示同意。

"但是现在奇怪的事情发生了,"巫师说,"在你打开信封之前,就已经知道了无论在里面发现多少钱,你的推理都会是一样的,因此理性的做法是立即用你的信封换另一个,而不必费事去打开它。因为,设 n 是你所持有的信封里的金额。那么另一个信封里就有 $n/2$ 美元或 $2n$ 美元,两者概率相等,因此你多得 n 美元或损失 $n/2$ 美元的概率相等,因此用你的信封换取另一个信封对你有利。但是如果你最初选择的是另一个,那么,根据同样的理由,你应该用它来交换你没有选的那一个,这显然是荒谬的! 这就是信封悖论。"

他们思考了一会儿。

"我当然能看出这种情况的荒谬,"安娜贝尔最后说,"但我无法找出上面的推理中的谬误。谬误出现在哪里呢?"

"说实话,对于你的这个问题,我还没有听到过一个能完全满意的答案,"巫师说,"我给好几位概率论专家讲过这道题,有些人和我一样感到困惑,另一些人给了我一个解释,他们的依据是在正整数这一无限集合上不存在概率测度这样的东西。但我怀疑概率并不是此问题的核心,我想到了这个悖论的一个完全不涉及概率的新改编形式。"

"哦?"安娜贝尔说。

"是的,我的形式是这样的:你拿起这两个信封中的一个,然后决定用它来交换另一个。经过这次交换,你要么多得,要么损失。我现在来向你们证明两个相互矛盾的命题:

"命题1：你多得的金额(如果你确实得益了的话)会大于损失的金额(如果你确实损失了的话)。

"命题2：这两个金额是一样的。

"显然，这两个命题不可能都是真的，但我会证明给你们看，这两个命题分别都是真的。

"第一个命题的证明本质上是我一个已经告诉你们的。假设n是你现在所持有的那个信封中的美元数额。那么另一个信封里要么有2n美元，要么有n/2美元。"

"这两者的概率相等。"亚历山大说。

"概率现在无关紧要了，"巫师说，"我想完全不考虑概率。现在重要的是，另一个信封里有2n美元或n/2美元，我们不知道是前者还是后者。"

"好吧。"亚历山大说。

"那么，如果你在换取后多得了，那么你会多得n美元，但如果你在换取后损失了，那么你会失去n/2美元。由于n大于n/2，那么你得益的金额(如果你确实得益了的话)，即n，会大于损失的金额(如果你确实损失了的话)，即n/2。这证明了命题1。

"现在来证明命题2。假设d是这两个信封中的金额之差，或者假设d是这两个金额中的较小的一个，这两种说法是同一回事。如果你在换取后得益了，那么你会多得d美元，如果你在交换后损失了，那么你会失去d美元。因此，得失的金额最终是相同的。例如，假设较少的信封里有50美元，那么较多的信封里就有100美元。如果你在换取后多得了，就意味着你持有的是装有较少钱的那个信封，因此你会多得50美元；但如果你在换取后损失了，那就意味着你持有的是装有100美元的那个信封，因此你会失去50美元。因此，50美元是你会多得的金额，也是你会失去的金额。同样的道理适用于任何d，即两个数额中较少的一个。数字d是你会多得的金额，也是你会失去的金额。这证明了命题2，得失的金额终究是相同的。"

"好了，"巫师对这对大惑不解的夫妇说，"这两个命题中哪一个是正确的？它们显然不可能都是正确的！"

后记。读者如果知道安娜贝尔和她的丈夫在这件事上一直没能达成一致意见，可能会觉得挺有趣。安娜贝尔绝对确信命题1是正确的，亚历山大同样确信命题2是正确的。

"但你怎么能这么说呢？"安娜贝尔问道，"假设你打开你的信封并发现了里面有100美元。于是你就知道另一个信封里要么装有50美元，要么装有200美元。因此，如果你真的多得了，你就多得了100美元，如果你真的损失了，你就失去了50美元。因此，你能多得的金额会大于你会失去的金额，这难道不是很明显吗？100美元比50美元多，这难道不是很明显吗？你怎么可能对这件事有任何怀疑呢？"

"你看待这个问题的方式不对，"亚历山大坚持说，"这两个信封中的金额分别是 n 美元和 $2n$ 美元，其中 n 是某个我们不知道的值。如果你在换取后赢了，那么你就会从 n 美元增长到 $2n$ 美元，因此多得 n 美元，如果你在换取后损失了，那么你就会从 $2n$ 美元减少到 n 美元，因此损失掉 n 美元。显然，这两个金额是一样的。"

这对夫妻在这一点上一直没能达成一致！你认为哪一个命题是正确的，命题1还是命题2？

第17章

关于时间与变化

当这对夫妇再次爬上巫师的塔时,他们发现主人正处于一种特别哲学的情绪之中。他花了一上午时间阅读早期的希腊哲学和中国哲学。

"时间真是个奇怪的东西,"他说,"一些神秘主义者声称时间是不真实的,有时我倾向于同意他们的说法!"

"我明白了,"安娜贝尔说,"*有时*你同意他们的说法,而其他时候你都不同意,是这样吗?"

"差不多就是这么一回事,"巫师大笑着说,"说到时间,我必须给你读一段令人愉快的文字,这是我刚刚在中国古代哲学家庄子的著作中找到的。"

有始也者,有未始有始也者,有未始有夫未始有始也者;有有也者,有无也者,有未始有无也者,有未始有夫未始有无也者。俄而有无矣,而未知有无之果孰有孰无也。今我则已有谓矣,而未知吾所谓之其果有谓乎?其果无谓乎? [1]

---

[1] Wing-Tsit Chan, *A Source Book in Chinese Philosophy* (Princeton, N.J.: Princeton University Press, 1963), pp. 185, 186.——原注

这段话摘自《庄子·齐物论》,大概的意思是:"存在着一个开始,也存在着这个开始未曾开始的时候,还存在着这个开始未曾开始的时候也未曾开始的时候。存在着有,也存在着无,还存在着尚未开始存在这个无的时候,同样也存在着尚未开始存在这个无的时候也尚未开始的时候。突然间生出了有和无,却不知道这有和无哪个是真正的有哪个是真正的无。现在我已经说了这些言论,但却不知道我所说的这些言论确实言之有物呢,还是言之无物?"——译注

他的两位听众大笑起来,尤其是在听到最后一句话时。

"这也使我想起了斯穆里安的永生秘方,"巫师说,"你们熟悉吗?"

"不知道,"亚历山大说,"我愿闻其详!"

"其实很简单!想要永生,你只需要做到以下两件事:(1)永远讲真话,以后不要讲任何假话。(2)只要说'我明天会重复这句话!'如果你做到了这两件事,我保证你会永生!"

当然,巫师是对的。如果今天你诚实地说"我明天会重复这句话",那么你明天就会重复这句话。假设你明天还是诚实的,那么接下去一天你还会重复这句话,然后再接下去一天,然后是再接下去一天……

"从理论上讲,这是一个完美的计划,"安娜贝尔说,"但这恐怕不是世界上最具有实践性的计划。"

"这让我想起了白骑士越过大门的计划。"亚历山大说。

"那是什么计划?"巫师问(他显然从未读过《爱丽丝奇境历险记》和《爱丽丝镜中奇遇》[①])。

"正如白骑士所计划的,"亚历山大说,"唯一的困难是脚:头已经足够高了。所以你先把你的头放在门的顶上——于是头就够高了;然后你倒立起来——于是脚就够高了,你看。然后你就越过去了,你看。"

"很好,"巫师大笑着说,"针对安娜贝尔对斯穆里安的计划提出的异议,即它不具有实践性,斯穆里安在一个非常有趣的故事中提出了他的计划,这个故事讲述了一个寻求永生的人拜访了东方的一位圣人,据说这位圣人是这方面的专家。这位圣人解释了如何永生,但这个人和安娜贝尔一样提出了异议,理由是这个方案不具有实践性。他对圣人说:'如果我不知道自己明天是否还活着,那我怎么能诚实地说我明天会重复这句话呢?''哦,'圣人

---

① 《爱丽丝漫游奇境记》(*Alice's Adventures in Wonderland*)和《爱丽丝镜中奇遇记》(*Through the Looking-Glass*)是英国作家、数学家、逻辑学家、摄影家和儿童文学作家查尔斯·路特维奇·道奇森(Charles Lutwidge Dodgson, 1832—1898)最著名的儿童文学作品。他写这些书时所使用的笔名是刘易斯·卡罗尔(Lewis Carroll)。——译注

回答，'你想要一个具有实践性的解答！不，我不太擅长实践，我只在理论上处理问题。'"

安娜贝尔和亚历山大对此哈哈大笑。

"说到永生，"巫师说，"我记得当我还年少的时候，我的叔叔（他对所有逻辑和哲学话题都非常感兴趣）给了我一个惊人的证明，证明了从逻辑上讲，任何人都不可能死亡。你们想听听吗？"

"哦，想的！"他们同时喊道。

"嗯，我叔叔是这样说的：如果一个人死了，那么他什么时候死去的？他是在活着的时候死去的还是在死的时候死去的？他不可能在死的时候死去，因为一旦他死了，他就不能再死了——他已经死了。另一方面，他也不可能在还活着的时候死去，因为那样的话他就会同时又死又活，而这是不可能的。因此，他根本不会死。"

"我会说，"安娜贝尔想了一会儿说，"在他死的那一瞬间，他既不是活着，也不是死了。那一瞬间是生与死之间的过渡瞬间。"

"这听起来很合理。"亚历山大说。

"不，"巫师说，"你是不可能那么轻易从这里绕出来的！我说的'死'是指不再活着。事实上，为了避免任何语义上的混淆，我换一种说法来表达这个论证：在一个人死去的那一瞬间，他是否还活着？"

对此他们又想了想。

"这与芝诺①证明运动不可能有关吗？"安娜贝尔问道。

"有一些联系，"巫师回答，"事实上，我叔叔的论证可以推广，从而为运动的不可能性给出一个新证明。"

"芝诺的论证是什么？"亚历山大问，"我听说过这些论证，但从未听到过它们的内容。"

"我看到过这些论证，"安娜贝尔说，"但我从来都搞不清楚它们的谬误

---

① 芝诺（Zeno，约前490—前430），古希腊数学家、哲学家，他提出了一系列关于运动不可能性的哲学悖论，内容见下文。——译注

在哪里。肯定存在着一些谬误,因为物体显然是会运动的。这些谬误到底是什么?"

"芝诺有三个证明,"巫师回答,"还有第四个证明,但这个证明鲜有记载,而且对于这个证明究竟是什么,似乎没有一致的意见。因此,我将仅限于讨论前三个证明。"

"第一个证明是这样的:假设有一个物体从 A 点运动到 B 点。在它到达 B 点之前,它必须先到达位于 A 点和 B 点中间的 A_1 点,我们将此称为第一步。在完成第一步后,这个物体必须从 A_1 到达位于 A_1 和 B 中间的 A_2 点,我们将此称为第二步。然后它必须采取第三步——从 A_2 到位于 A_2 和 B 中间的 A_3 点,依此类推。

$$\overset{\textstyle\bullet}{A}\rule{6cm}{0.4pt}\overset{\textstyle\bullet}{A_1}\quad\overset{\textstyle\bullet}{A_2}\quad\overset{\textstyle\bullet}{A_3}\ \overset{\textstyle\bullet}{A_4}\overset{\textstyle\bullet}{A_5}\,\overset{\textstyle\bullet}{B}$$

"要经过无限步之后,这个物体才会到达 B。也就是说,对于每一个正整数 n,在它完成了前 n 步并且到达一个点 A_n 之后,它仍然需要再走另一步,以到达位于 A_n 和 B 之间的点 A_{n+1}。因此这个物体必须经过无限多步之后才能到达 B,而这在一段有限长的时间里是不可能做到的,因此这个物体不可能从 A 运动到 B。

"从另一个角度来看,在这个物体能从 A 运动到 B 之前,它必须先到达中点 B_1;但在它能从 A 运动到 B_1 之前,它必须先到达位于 A 和 B_1 中间的 B_2 点;但它能达到*那里*之前,它必须先到达位于 A 和 B_2 中间的 B_3 点,依此类推。因此,这个物体甚至无法开始运动!

$$\overset{\textstyle\bullet}{A}\,\overset{\textstyle\bullet}{B_5}\overset{\textstyle\bullet}{B_4}\quad\overset{\textstyle\bullet}{B_3}\qquad\overset{\textstyle\bullet}{B_2}\qquad\overset{\textstyle\bullet}{B_1}\rule{5cm}{0.4pt}\overset{\textstyle\bullet}{B}$$

"芝诺的第二个论证是关于阿喀琉斯[①]试图追上一只乌龟。首先,让我们假设阿喀琉斯在乌龟后面的 100 码处,而他跑的速度是乌龟的 10 倍。他的第一步是要跑到乌龟现在所在的位置,也就是说,他要跑 100 码。当他到

---

① 阿喀琉斯(Achilles),希腊神话中的英雄,全身除脚踵的致命死穴外刀枪不入。——译注

达那个位置时,乌龟不会还在那里,它会已经前进了10码。然后阿喀琉斯采取第二步,他跑10码,到达乌龟在第一步结束时的位置,但当他到达那里时,乌龟会又向前跑了(或者说走了)1码。然后当阿喀琉斯向前跑完这1码时,乌龟仍然会在前面1/10码之外,依此类推。换言之,每当阿喀琉斯到达乌龟原来所在的地方时,乌龟已经不在那里了。因此阿喀琉斯永远赶不上乌龟。

"芝诺的第三个证明在我看来是最为深刻微妙的,它是关于飞矢的证明。假设一支箭在某段时间内持续向前飞行。取该时间段内的任何一个瞬间。箭在*那一瞬间中*是不可能运动的,因为每一个瞬间的持续时间为零,而箭不可能在同一瞬间位于两个不同的地方。因此,箭在每一瞬间都是静止的,因此箭在整段时间内都是静止的,这意味着它在该时间段内不可能发生运动!"

"是的,既然你讲起了这些论证,倒使我确实想起它们来了,"安娜贝尔说,"而且我和以前一样感到困惑。当然,它们肯定在*什么地方*出了问题,因为物体显然*确实*是运动的,但到底在哪里出了问题呢?难道没有任何符合逻辑的解释吗?还是逻辑本身出了问题?"

"不,逻辑本身肯定没有任何问题,"巫师笑着说,"对于芝诺的这些论证中的谬误,肯定有一个完全合乎逻辑的解释。我真的很惊讶人们会被前两个论证愚弄,但被第三个论证愚弄是比较容易理解的,这是因为它更难被看透。"

"这些谬误是什么?"亚历山大问道。

"好吧,让我们从第一个开始,"巫师说,"在任何导致错误结论的论证中,一定在某处有错误的步骤,因此一定有第一个错误的步骤。那么,在芝诺第一个论证中,第一个错误的步骤在哪里呢?"

他们俩想了一会儿。

"我看不到任何错误的步骤,"亚历山大说,"在我看来,每一步都是正确的。"

"在我看来也是。"安娜贝尔说。

"真的吗!"巫师说,"即使结论在你们看来也是正确的吗?"

"当然不是!"安娜贝尔说,"结论显然是错误的。很明显,物体*确实*是在运动。"

"那么,如果结论是错的,而结论之前的每一步都正确,那么显然,第一个错误的步骤就是结论本身了。"

"我从来没有想到过这一点!"安娜贝尔说。

"大多数人都没有这样想过,这就是令人惊讶的事情!"巫师说,"当然了,结论是第一个错误的陈述! 每一个物体都必定会经历芝诺所描述的无数个步骤,但由此得出'因此物体不可能运动'的结论完全是似是而非的:'因此物体不可能移动。'这一推断的依据何在? 芝诺隐含地假设了一个人不能在有限的时间内进行无限多个步骤,而这个假设是完全没有根据的。"

"这个假设在我看来完全合理!"安娜贝尔说,"无穷多个量之和怎么可能是有限的呢?"

"这在数学中经常发生,"巫师回答,"例如,无穷级数 $1 + \frac{1}{2} + \frac{1}{4} + \frac{1}{8} + \frac{1}{16} + \frac{1}{32} + \cdots + \frac{1}{2^n} + \cdots$ 不断加起来就是 2。这样的无穷级数称为*收敛的*($convergent$),它收敛到 2。另一方面,无穷级数 $1 + \frac{1}{2} + \frac{1}{3} + \frac{1}{4} + \frac{1}{5} + \cdots + \frac{1}{n} + \cdots$ 就是所谓的*发散的*($divergent$)级数。如果你对它取足够多,然后加起来,得到答案会超过 100 万;如果取更多的项加起来,则会得到超过一万亿的答案。无论你选择什么数,无论这个数有多大,这个级数最终都会超过这个数。这种发散级数也被称为接近无穷大。不过,与芝诺的第一个问题相关的级数是 $\frac{1}{2} + \frac{1}{4} + \frac{1}{8} + \cdots$,它收敛到 1,所以芝诺得出物体永远不可能从 A 到 B 的结论是完全不合理的。类似的分析也适用于芝诺的第二个论证——事实上,这个级数是 $\frac{1}{10} + \frac{1}{100} + \frac{1}{1000} + \cdots + \frac{1}{10^n} + \cdots$,它的收敛速度更快。

"关于飞矢的第三个论证更微妙,恐怕你们没有足够的数学知识来理解它的解答。学习过微积分的人都知道,在这段时间内的任一瞬间,箭在那一瞬间都是在运动的,芝诺说倘若箭在某一瞬间在运动,那么它就会在那一瞬间位于多个地方,这是错误的。当然,在任何给定的瞬间,箭只会在一个地方,但这并不意味着箭在这个瞬间处于静止状态。"

"我不明白,"安娜贝尔说,"如果一支运动的箭在某一瞬间只会在一个地方,那么它与静止的箭有什么不同呢? 静止的箭在某一瞬间不也只在一个地方吗? 我们如何区分这两种情况呢?"

"你问了一个重大而深刻的问题,"巫师回答说,"微分学的目的,或者至少是它的主要目的之一,就是要回答这类问题。微积分的发明者牛顿和莱布尼茨在人类历史上首次对*在一个瞬间*运动的物体是什么意思,以及说这个物体*在一个瞬间*的速度是如此这般的是什么意思,给出了非常精确的定义。如果不先教你们一些微积分的基本概念,我就无法给你们这些定义。就目前而言,我们暂时只需给出以下说明就足够了:物体在*一个瞬间*有一定的速度,这一说法实际上不仅仅是关于这个瞬间的,而是关于以这个瞬间为中心的、不断缩小的那些时间间隔的。我希望有一天我能给你一个更完整、更专业的解释。"

"你以前说过,"亚历山大说,"你叔叔的论证可以推广,从而为运动的不可能性给出一个新证明。那又是怎么回事?"

"我叔叔的论点可以推广为任何事情都永远不会改变。这一点哲学家巴门尼德[①]肯定会喜欢的! 假设某物从处于一种状态(称之为 A 状态)变为处于 A 之外的状态。它在什么时候做出这一改变? 它不可能在处于 A 之外的状态时做出改变,因为它此时已经处于 A 状态之外了。它也不可能在仍处于 A 状态时做出改变,因为那样的话它就会同时又处于 A 状态又处于 A 状态之外。不要对我说,在变化的瞬间,它既不处于 A 状态,也不处于 A 状

---

① 巴门尼德(Parmenides,约前 515—前 450),古希腊哲学家,他认为现存事物的多样性及其变化的形式和运动,只是单一的永恒实在("存在")的表象。——译注

态之外,因为我所说的处于A状态之外是指不处于A状态。从逻辑上讲,某物不可能同时既不在A状态又在A状态。"

"这又怎么为运动的不可能性给出一个新证明呢?"亚历山大问道。

"嗯,显而易见的是,如果一个物体离开了一个给定的位置,它的状态就会从这个位置变为不在那个位置。所以,倘若从一种状态改变到另一种状态是不可能的,那么运动也就是不可能的……

"是啊,时间和变化都是奇特的事情! 不管怎样说,时间究竟是什么? 正如奥古斯丁①所说:'当有人问我时间是什么时,我不知道;当没有人问我时,我是知道的!'

"说到时间,我知道你们俩要离开我们一段时间,是这样吗?"

"是的,"安娜贝尔回答,"明天我们就要起航回家了。我的妹妹格特鲁德(Gertrude)公主要结婚了。"

"你们要离开多久?"巫师问。

"大概几个月吧,"安娜贝尔回答,"我和亚历山大回家后必须处理几件事情。但我们肯定有计划回来的。事实上,我们正在考虑搬到这里来。我们都被逻辑这个主题深深吸引了。家里人似乎对此都不太了解。你不知道我们对你教给我们的一切是多么感激。但我开始意识到,我们还有很多东西要学! 当我们回来的时候,你能告诉我们一些关于无限的事情吗? 这是一个一直让我感到好奇和困惑的课题!"

"啊,是啊!"巫师说,"无限。这的确是一个好课题! 是的,当你们回来时,我保证会引导你们来一次无限之旅。一定要尽快回来,祝你们一路顺风!"

---

① 奥古斯丁(Augustine,354—430),古罗马帝国时期天主教思想家,代表作包括《忏悔录》《论三位一体》等。——译注

第六部分

无 限 之 旅

第18章

什么是无限？

我们这对夫妇离开了骑士与无赖之岛两个多月。当再次回到岛上时，他们立刻去拜访了巫师。

"欢迎回来！"他说，"那么你们想知道关于无限的事情吗？"

"你的记性真好！"安娜贝尔说。

"好吧，"巫师说，"应该做的第一件事是要仔细定义我们的术语。'无限'这个词究竟是什么意思？"

"对我来说，它意味着无穷无尽。"亚历山大说。

"我也会这么说。"安娜贝尔说。

"这样说并不十分令人满意，"巫师说，"在没有起点也没有终点这个意义上来说，一个圆周是无穷无尽的，但你不会说它是无限的——也就是说，它只有有限的长度，尽管它有无限多个点。

"我想从数学家们所使用的精确意义上来谈论无限。当然，这个词还有其他用途。例如，神学家们经常称上帝是无限的[1]，尽管他们中的一些人非常诚实地承认，当把这个词应用于上帝时，其含义与应用于任何其他事物时是不同的。现在，我不想贬低这个词在神学上或任何其他非数学上的用法，

---

[1] 在英语中，the Infinite 有"上帝"的意思。——译注

但我想明确指出,我在提议的是讨论在纯数学意义上的无限。为此,我们需要一个精确的定义。

"'无限的'这个词显然是一个形容词,我们必须达成一致的第一件事是这个形容词所适用的事物的种类。什么样的事物可以被归类为有限或无限?嗯,在这个术语的数学用法中,是指事物的集合或总和,这些集合可以被称为*有限的*或*无限的*。我们称对象的一个集合中有有限多个或无限多个成员(元素),现在我们必须使这些概念精确化。

"这里的线索在于一个集合与另一个集合之间的一一对应的概念。例如,7只羊与7棵树之间的关联方式不同于7只羊与5块石头之间的关联方式,因为7只羊可以与7棵树配对,比如说将每只羊拴在一棵树上,这样,每只羊和每棵树就恰好属于其中一对。或者,用数学术语来说,7只羊的集合可以与7棵树的集合构成一一对应的关系。

"另一个例子:假设你往一个剧院里看,发现每个座位都有人坐,没有人站着,也没有人坐在别人膝盖上:每个座位上都有且只有一个人。在这种情况下,不必去计算人数,也不必去计算座位数,你就知道这两个数是一样的,因为此时观众的集合与座位的集合构成了一一对应:每个人都与他所坐的座位相对应。

"我知道你们对自然数构成的集合很熟悉,尽管可能不熟悉这个名字。自然数就是数字0,1,2,3,4,…也就是说,自然数就是指零或任何正整数。"

"有没有*非*自然数之类的东西?"安娜贝尔问道。

"不,我从来没有听说过那种东西,"巫师说,"不过我必须说,我觉得你这个想法很有趣!不管怎样,从现在起,我说到数这个词时,就是用来表示*自然数*,除非我说了什么与之相反的话。

"现在,给定一个自然数n,那么,说某个集合恰好有n个成员究竟是什么意思呢?例如,说我的右手恰好有五根手指是什么意思呢?意思就是我可以将我的右手手指的集合与从1到5的正整数集合构成一一对应——比如说,大拇指对应1,食指对应2,中指对应3,无名指对应4,小指对应5。一般而言,给定任何正整数 n,如果一个集合可以与从 1 到 n 构成的正整数集合构成一一对应的关系,那么我们就说这个集合有 n 个成员(元素)。一个包含 n 个元素的集合也被称为一个 n 元集合。而将一个 n 元集合与一个由正整数 $1,2,3,\cdots,n$ 构成的集合进行一一对应的过程有一个通俗的名称——这个过程的通俗名称叫*计数*。是的,这就是计数。

"所以,我已经告诉了你们,当 n 是一个*正整数*时,一个集合有 n 个元素是什么意思。那么当 n 为 0 时呢? 一个集合有 0 个元素是什么意思? 这显然意味着这个集合根本没有任何元素。"

"有这样的集合吗?"亚历山大问。

"只有一个这样的集合,"巫师回答,"这个集合的专业名称叫做空集,它对数学家们非常有用。如果没有它,就会必须不断提出例外,事情就会变得非常麻烦。例如,我们希望能够谈论某一给定时刻在一个剧院里的人的集合。在一个给定的时刻,可能恰好没有人在那里,在这种情况下,我们说这个剧院里的人的集合是一个空集——正如我们说一个空剧院一样。不要把这种情况和根本没有剧院的情况混为一谈! 剧院作为一个场所仍然存在,只是碰巧里面没有人。同样,空集作为一个集合依然存在,只是它没有成员。"

"我想起了一件有趣的事——多年前,我对一位可爱的女音乐家说起空集的事。她看起来很惊讶,她说:'数学家们真的使用这个概念吗?'我回答说:'当然啦!'她问:'用在哪里呢?'我回答说:'到处都在用啊。'她想了一会儿说:'哦,是啊。我猜这就像音乐中的休止符。'我觉得这是个很好的类比!

"斯穆里安讲过一件有趣的事。他在普林斯顿大学读研究生时,那里一位著名数学家在一次讲座中说,他讨厌空集。在下一次讲座中,他用了到空集。斯穆里安举手说,'我记得你说过你不喜欢空集的。'教授回答:"我说我不喜欢空集。我从来没说过我不*使用*空集!'"

"你还没有告诉我们,"安娜贝尔说,"你所说的'有限'和'无限'是什么意思。你不打算说了吗?"

"我正要说呢，"巫师回答，"到目前为止，我所说的一切都只是为定义做准备。如果存在一个自然数 n，而一个集合恰好有 n 个元素，那么我们就说这个集合是*有限的*——这意味着这个集合可以与从1到 n 的正整数构成一一对应关系。如果不存在这样的一个自然数 n，那么这个集合就被称为无限的。就这么简单！因此，一个0元集合是有限的，一个1元集合是有限的，一个2元集合是有限的，……，一个 n 元集合是有限的（其中 n 是任意自然数）。但如果对于任何自然数 n，一个集合都不恰好有 n 个元素，那么这个集合就是无限集。因此，如果一个集合是无限的，那么对于任何自然数 n，如果我们从集合中移除 n 个元素，还会有剩余的元素——事实上，还会剩下无限多的元素。"

"你知道为什么这一点成立吗？让我们先考虑下面这个简单的问题。假设我从一个无限集合中仅移除一个元素。此时剩下的元素构成的集合还仍然是无限的吗？"

"看起来当然是这样的！"安娜贝尔说。

"的确如此！"亚历山大说。

"嗯，你们是对的，但你们能给出证明吗？"

他们俩都想了想，但很难证明这一点。这似乎太明显了，不需要证明。但是，从"有限"和"无限"的定义本身出发来证明这一点并不困难。这些定义是一定要用到的。

· 1 ·

这是如何证明的？

他们俩费了一番周折，最终想出了一个令巫师满意的证明。

希尔伯特旅馆。"无限集，"巫师说，"具有一些奇特的性质，有时被贴上'自相矛盾'的标签。它们并非真的自相矛盾，但在第一次遇到时还是有点令人吃惊的。著名的希尔伯特旅馆的故事[①]对此给出了很好的阐释。

---

① 这个故事是德国数学家大卫·希尔伯特（David Hilbert, 1862—1943）讲述的，因此得名。——译注

"假设我们有一家旅馆，里面只有有限多个房间——比如说 100 间吧。假设所有的房间都有人住，每个房间里都有一位住客。新来了一位客人，想要一间房间过夜，但他以及这 100 位住客中的任何一位都不愿意与他人合住一间房间。那么，这个新来的人就无房可住了。我们不能将 101 个人与 100 个房间构成一一对应关系。但是对于一家有无限房间的旅馆(如果你能想象出这样的地方的话)，情况就不同了。希尔伯特旅馆有无限多个房间——每个正整数都有一个对应的房间。这些房间相继编号为 1 号房间，2 号房间，3 号房间，…，n 号房间，等等。我们可以想象这家旅馆的房间是排成一排的，它们从某个确定的点开始，一直向右无限延伸。有第一个房间，但没有最后一个房间！重要的是要记住，没有最后一个房间——就像没有最后一个自然数一样。现在，我们再次假设所有的房间都有人住，每个房间里都有一位住客。新来了一位客人，想要一个房间。有趣的是，现在旅馆可以容纳他了。他和其他任何住客虽然都不愿意合住，但这些住客都很配合：如果有需要的话，他们愿意更换房间。"

· **2** ·

如何安排使这位新来的住客能够入住？

"现在来看另一个问题，"巫师在讨论了上一题的解答之后说，"我们考虑之前的同一家旅馆，但现在不是新来了一位住客，而是新来了无限多位住客——每个正整数 n 都有一位对应的住客。让我们将原来的住客称为 P_1，P_2，…，P_n，…，将新来的人称为 $Q_1, Q_2, …, Q_n, …$，这些新来的 $Q_1, Q_2, …, Q_n, …$ 都想要住宿。令人惊讶的是，这是可以做到的！"

· **3** ·

如何进行这次安排？

"现在来看一个更有趣的问题，"巫师说，"这一次，我们有无限多家旅馆，对每个正整数 n 都有一家相对应的旅馆。这些旅馆编号为旅馆 1，旅馆

2,…旅馆 n,…,每个旅馆都有无限多个房间,每个正整数都有一个对应的房间。这些旅馆排列成一个矩形阵列——因此:

旅馆 1	1 2 3 4 5 6 7…
旅馆 2	1 2 3 4 5 6 7…
旅馆 3	1 2 3 4 5 6 7…
· · ·	·
旅馆 n	1 2 3 4 5 6 7…
· · ·	·

"整个连锁旅馆都由一家公司管理。所有旅馆的所有房间都有人住了。有一天,管理层决定关闭除了一家以外的其他所有旅馆,以节约能源。这意味着所有旅馆的所有住客都要转移到其中一家旅馆——同样,每个房间只住一个人。"

· 4 ·

这可能实现吗?

"你们明白这几个问题揭示了什么吗?"巫师说,"它们表明,一个无限集可以有一个奇特的性质,即它能与自身严格意义下的一部分构成一一对应。让我来更准确地说明这一点。

"如果一个集合 A 的每个元素也是另一个集合 B 中的元素,那么集合 A 就称为集合 B 的一个子集(subset)。例如,如果 A 是从 1 到 100 的数集,B 是从 1 到 200 的数集,那么 A 就是 B 的一个子集。再如,若 E 是所有偶数的集合,而 $\mathbf{N}^*$ 是所有整数的集合,那么 E 是 $\mathbf{N}^*$ 的一个子集。如果 A 是 B 的一个子集,但不包含 B 的所有元素,那么就称 A 是 B 的一个真子集(proper subset)。换言之,如果 A 是 B 的一个子集,但 B 不是 A 的一个子集,那么 A 就是 B 的一个真子集。现在,设 P 为所有正整数的集合 $\{1,2,3,\cdots,n,\cdots\}$,设 $P-$ 为除 1 以外的所有正整数的集合 $\{2,3,\cdots,n,\cdots\}$。我们已经在上面的希尔伯特旅馆的第一个问题中看到，P 可以与 $P-$ 构成一一对应，然而 $P-$ 却是 P 的一个真子集！是的，一个无限集可以有一个奇特的特性：它可以与它自己的一个真子集构成一一对应！这在很久以前人们就知道了。1638 年，伽利略指出，正整数的平方可以与正整数本身构成一一对应，正如

$$1, 4, 9, 16, 25, \ldots n^2, \ldots$$
$$\updownarrow \;\; \updownarrow \;\; \updownarrow \;\; \updownarrow \;\;\;\; \updownarrow$$
$$1, 2, 3, \; 4, \;\; 5, \; \ldots \; n, \ldots$$

"这似乎与'整体大于其任何部分'这条古老的公理相矛盾。"

"嗯，难道不矛盾吗？"亚历山大问道。

"并不尽然，"巫师回答，"假设 A 是 B 的一个真子集。那么，在'大于'这个词的一种意义上，B 大于 A——也就是说，在 B 包含 A 的所有元素，还包含一些 A 不包含的元素这个意义上。但这并不意味着 B 在数值上大于 A。"

"我不太明白你说的在数值上大于是什么意思。"安娜贝尔说。

"说得好！"巫师说，"首先，你认为集合 A 与集合 B 大小相同是什么意思？"

"我想这意味着 A 与 B 可以构成一一对应。"安娜贝尔说。

"对了！那么说 A 的大小小于 B 的大小，或者说 A 的元素在数值上比 B 少，你认为是什么意思？"

"我想这意味着可以将 A 与 B 的一个真子集构成一一对应。"

"很好的尝试，"巫师说，"但这是行不通的。这种定义对有限集是适用的，但不适用于无限集。此时的困难在于，A 可能与 B 的真子集构成一一对应，B 也可能与 A 的真子集构成一一对应。在这种情况下，你能判断哪个集合的元素个数更少吗？例如，设 O 为奇正整数集，E 为偶正整数集。显而易见，可以将 O 与 E 构成一一对应，正如

$$1, 3, 5, 7, \; 9, \; \ldots 2n{-}1 \ldots$$
$$\updownarrow \;\; \updownarrow \;\; \updownarrow \;\; \updownarrow \;\; \updownarrow \;\;\;\; \updownarrow$$
$$2, 4, 6, 8, 10, \; \ldots 2n \ldots$$

"但是也可以将 O 与 E 的一个真子集构成一一对应，正如

$$1, 3, 5, 7, 9, \ldots 2n-1 \ldots$$
$$\updownarrow \updownarrow \updownarrow \updownarrow \quad \updownarrow$$
$$4, 6, 8, 10, 12, \ldots 2n+2$$

"同时,还可以将 E 与 O 的一个真子集构成一一对应,正如

$$2, 4, 6, 8, 10, \ldots 2n \ldots$$
$$\updownarrow \updownarrow \updownarrow \updownarrow \quad \updownarrow$$
$$3, 5, 7, 9, 11, \ldots 2n+1 \ldots$$

"现在,你肯定不会想说 E 和 O 的元素个数相同,但 E 的元素个数少于 O,而 O 的元素个数也少于 E! 不对了,那个定义不适用了。"

"那么,当应用于无限集时,'少于'的正确定义是什么呢?"安娜贝尔问。

"正确的定义是:如果满足以下两个条件,我们就说 A 的元素个数少于 B 的元素个数,或者说 B 的元素个数多于 A 的元素个数,即(1)可以将 A 与 B 的一个真子集构成一一对应;(2)A 与 B 的全体不能构成一一对应。

"这两个条件*都*得到满足是至关重要的,"巫师强调,"只有这样才能正确地说 A 小于 B。说 A 小于 B 首先意味着可以将 A 与 B 的一个子集构成一一对应关系,而且 A 与 B 的一个子集之间若存在一个一一对应关系,那么该子集一定是 B 的一个真子集。

"现在来看一个基本问题,"巫师说,"是任意两个无限集必然具有相同的大小,还是无限集也具有不同的大小? 这是建立无限理论需要回答的第一个问题,幸运的是,19世纪末康托尔回答了这个问题。他的答案引发了一场风暴,并开启了数学的一个全新的分支,这一分支所产生的影响是惊人的!

"我会在我们下一次会面时告诉你们康托尔的答案。与此同时,你们猜猜看这个答案是怎样的? 所有的无限集是都具有相同的大小呢,还是有不同的大小?"

评注。我在初级逻辑课上向学生们提出了这个问题,在那些不知道答案的学生中,有大约一半的人猜测所有的无限集都具有相同的大小,另外大约一半的人猜测它们具有不同的大小。

你们之中如果还有人还不知道答案,在进入下一章之前,愿意大胆猜测一下吗?

解答

1. 首先让我们证明,当你向一个有限集添加一个元素时,你会得到另一个有限集。好吧,假设集合 A 是有限的。根据定义,这意味着对于某个自然数 n,集合 A 有 n 个元素。如果我们向 A 中添加一个新元素,那么得到的新集合显然会有 $n+1$ 个元素,因此根据定义,它是有限的。

由此可以立即得出结论:如果我们从一个无限集 B 中移除一个元素,那么结果得到的集合必然是无限的,因为如果它是有限的,那么我们就可以把这个元素放回去,得到的集合就会是有限的,而事实上这个集合就是我们一开始的那个并不是有限的原始集合 B。

2. 管理员需要做的就是要求每位住客向右移一个房间——换言之,就是1号房间的住客去2号房间,2号房间的住客去3号房间,…, n 号房间的住客搬到 $n+1$ 号房间。由于这个旅馆没有最后一个房间(不像比较正常的只有有限个房间的旅馆),因此没有人会出去挨冻。(在一家只有有限个房间的旅馆里,住在最后一个房间的人右边就没有房间了)。在所有的住客都友好地移动了一间之后,1号房间现在空出来了,于是新来的住客就可以入住了。

从数学上讲,我们所做的就是将所有正整数的集合与从2开始的所有正整数的集合构成一一对应。当然,如果不是新来了一位住客,而是来了一亿位住客,旅馆经理也可以做类似的安排。在这种情况下,经理会要求每位住客向右移一亿个房间(住在1号房间的人会移动到100,000,001号房间;住在2号房间的人会移动到100,000,002号房间,依此类推)。对于任何自然数 n,旅馆都可以容纳 n 位新住客,只需让每位住客向右移 n 个房间,将前 n 个房间空出来留给新住客入住即可。

3. 现在,如果来了无限多位新住客 $Q_1, Q_2, \cdots, Q_n, \cdots$,那么解答会有点不同。有人提出的一个不切实际的解答是,经理首先要求每位原来的住客都向右移一个房间。然后,将一位新住客安排到空出来1号房间里。然后,经理再次要求所有人都向右移一个房间,所以1号房间又空出来了,第二位新住客被安排到1号房间里。然后重复这个操作,一次又一次,重复无限多次,于是每位新住客迟早都会住进这家旅馆。

但这是一个多么折腾的解答啊!没有人永久保留一个房间,而且也不会在任何有限的时间内把所有住客都安顿好——需要无限多次移动。不需要这样做,整个过程只用换一次就可以干净利落地完成。你能看出怎么移动吗?

这种移动方式是原来的每位住客都将其房间号加倍——也就是说,住在1号房间的人去2号房间,住在2号房间的人去4号房间,住在3号房间的人去6号房间,$\cdots$,住在 n 号房间的人去 $2n$ 号房间。当然,所有这些都是同时进行的,在这样移动之后,所有偶数号房间都被占用,而所有的无限多个奇数号房间现在都空出来了。因此,第一位新住客 Q_1 住进了第一个单数号——1号房间;Q_2 住进了3号房间;Q_3 住进了5号房间,依此类推(Q_n 住进了 $2n-1$ 号房间)。

4. 我们首先对所有旅馆的所有房间的所有住客根据以下计划进行"编号":

1		4		9		16		·		·		·
↓		↑		↑		↑		·		·		·
2	→	3		8		15		·		·		·
				↑		↑		·		·		·
5	→	6	→	7		14		·		·		·
						↑		·		·		·
10	→	11	→	12	→	13		·		·		·
·		·		·		·						

　　因此，每位住客都用一个正整数来"标记"。然后他们都腾出房间，在外面等一会儿。随后，管理层关闭除了一家以外的其他所有旅馆，并要求每位住客入住到与他被标记的数相同的那个房间——被标记为 n 的人去 n 号房间。

第19章

康托尔的基本发现

"好了，"巫师在下一次会面时说，"你们考虑过这件事吗？有不止一种无限，还是只有一种无限，你们对此有什么猜想吗？"

他们俩之一（我忘了是谁）猜想不止一种，另一个则猜想只有一种。

"奇怪的是，"巫师说，"康托尔最初猜想任意两个无限集必定具有相同的大小。据我所知，他花了12年时间试图证明他的猜想。然后，在第13年，他发现了一个反例——我喜欢称之为'康托尔范例'。是的，有不止一种无限集，事实上有无穷多种。这一基本发现归功于康托尔。

"现在我们来看康托尔是怎么做的。如果一个集合可以与正整数集构成一一对应，那么这个集合就被称为*可数无限*(denumerably infinite)集，或者更简单地称为*可数*(denumerable)集。康托尔考虑的问题是：每个无限集都是可数集吗？正如我所说的，他首先猜测每个无限集都是可数集，直到后来才发现了真相。在最初的探究中，他所做的是考虑那些看上去太大而不可数的集合，但是后来，通过一些巧妙的手段，他终于能够将它们列举出来了。"

"你说的*列举*一个集合是什么意思？"安娜贝尔问。

"*列举*一个集合的意思就是将它与正整数集合构成一一对应关系。事实上，'可列举的'与'可数的'这两个词是同义词。总之，正如我所说，康托尔考虑了一个又一个集合,这些集合乍一看似乎是不可数的,即,它们是无限的但不是可数的,然后他找到了一个列举它们的巧妙方法。

"为了阐明他的方法,让我们想象一下:我是撒旦,而你们是我的受害者,身处地狱之中。这不难想象,对吧?"

安娜贝尔和亚历山大对这个想法哈哈大笑。

"现在,我将会给你们一次考验。我告诉你:'我正在想着一个正整数,我已经把它写在这张折叠的纸上了。每一天,你们都有且只有一次机会猜测是哪一个数。如果你们猜对了,那么你们就自由了,但在那之前不行。'现在,有没有什么策略可以确保你们迟早能脱身呢?"

"当然有,"亚历山大说,"第一天我问这个数是不是1,第二天问这个数是不是2,依此类推。迟早会猜中你的那个数。"

"对,"巫师说,"现在,我的第二个考验比较难一点。这一次,我写下的要么是一个正整数,要么是一个负整数——我写下的要么是1,2,3,4,…这些数中的一个,要么是-1,-2,-3,-4,…这些数中的一个,你们还是每天都有且只有一次机会猜测这是哪一个数。现在,你们有没有什么策略可以确保你们迟早能脱身呢?"

"当然有,"安娜贝尔说,"第一天,我问这个数是不是1,第二天,我问这个数是不是-1,接下去我继续问+2,-2,+3,-3,+4,-4,…,依此类推。迟早我一定会猜中你的那个数。"

"对,"巫师说,"现在你们明白我是什么意思了。"

从表面上看,把正整数和负整数放在一起而构成的集合似乎应该大于正整数的集合——事实上前者的大小似乎应该是后者的两倍。然而,你们刚刚看到了,如何把正整数和负整数一同构成的集合与正整数的集合置于一一对应,所以这两个集合的大小实际上是相同的。把所有正整数和负整数放在一起的集合是可数的。你们刚才解答的问题与我给你们关于希尔伯特酒店的第二个问题总体来说是相同的。你们记得,在可数的房间里有可数的人,然后第二批可数的人来了,我们当时想把这两个集合放在一起,使其容纳所有的成员。

"我给我的受害者的下一个考验肯定更难。这一次,我在一张纸上写下*两个数*,或者将同一个数写两遍。例如,我可能写下 3、57,或者我可能写下 17、206,或者我可能写下 23、23。每一天,你们都有且只有一次机会猜测这是哪两个数。你们不能一天猜其中一个数而另一天猜另一个数,你们必须在同一天猜这两个数。现在,你们是否认为有一种策略可以确保你们迟早能脱身呢?"

"我很怀疑,"安娜贝尔说,"你写下的第一个数有无限多种可能性,第二个数也有无限多种可能性,因此看起来,无限乘以无限本身应该比你一开始的那个无限还要大。"

"*看起来*是这样的,"巫师说,"在康托尔的那个时代,很多人确实觉得是这样,但是外表有时是具有欺骗性的。是的,确实有一种策略使你们必定能脱身。毕竟,你们正在应对的有可能的答案组成的那个集合确实不可数的。你能找到这个策略吗?"

"太神奇了!"安娜贝尔说,亚历山大表示同意。然后他们俩一起想出了一个简单而又肯定会奏效的策略。

·1·

怎样的策略会奏效?

"假设我现在把这个问题变得更难一点,不仅要求你们猜出这是哪两个数,还要求你们猜出它们的书写顺序——哪个在左哪个在右。你们现在还确定能脱身吗?"

"当然,"安娜贝尔说,"既然上一个问题已经知道怎样解决了,那么这个问题就很容易了。"

·2·

现在的策略是什么?

"那么让我来问你们这个问题，"巫师说，"所有正分数的集合会是怎样的呢？这个集合是可数的还是不可数的？你们现在可以很好地回答这个问题了。所谓*正分数*，就是指两个正整数的商——像 $\frac{3}{7}$ 或 $\frac{21}{13}$ 这样的数。"

· 3 ·

正分数构成的集合是可数的吗？

"这个答案令康托尔时代的许多数学家相当震惊，"巫师说，"现在我有一个更难的问题给你们。这一次，我写下正整数的某个*有限子集*[①]。我不会告诉你们这个集合中有多少个数，也不会告诉你们这个集合中最大的数是什么。每一天，你们都有且仅有一次机会猜测这是一个怎样的集合。如果你们猜对了，就可以自由了。现在，你认为有一个策略能让你们自由吗？"

他们俩觉得这不太可能。

"确实*有*这样的一个策略，"巫师说，"把正整数的所有*有限*子集作为其元素的那个集合是可数的。"

· 4 ·

如何列举以下集合：它的元素是正整数集的所有有限子集？你们会用什么策略来获得自由？

"那么，由正整数的*所有*子集（包括所有的无限集以及所有的有限集）构成的那个集合呢？"安娜贝尔问，"这个集合是可数的还是不可数的？还是说答案未知？"

"啊！"巫师说，"那个集合是不可数的——这是康托尔的伟大发现！"

"还没有人找到一种方法能列举这个集合吗？"亚历山大问。

"没有人找到过，也永远不会有人找到，因为要列举这个集合在逻辑上

---

① 如果把由所有正整数构成的集合记为 N 的话，那么这里所说的正整数的有限子集是一个由有限个正整数构成的集合，因此是 N 的一个子集。——译注

是不可能的。"

"这是怎么知道的呢?"安娜贝尔问。

"好吧,让我们先这样看:想象一本书有可数多页——第1页,第2页,第3页,…,第 n 页,…每一页上都印着一个正整数集的子集。你拥有这本书。如果书中列出了正整数集的*所有*子集,那你就赢得了大奖。但我告诉你,你是不可能赢到这个奖的,因为我可以指出一个在书中任何一页上都不可能出现的正整数集的子集。"

· 5 ·

试指出一个在书中任何一页都绝对没有出现过的正整数集的子集。

"所以你们看,"巫师在解答了上一题后说,"由正整数的所有子集所构成的那个集合是不可数的。它大于正整数集。"

"你还没有证明这一点,"安娜贝尔说,"你已经证明的是:由正整数的所有子集所构成的那个集合是——哦,这个集合有名字吗?"

"是的,"巫师说,"对于任何集合 A,以 A 的所有子集为元素而构成的集合称为 A 的*幂集*(power set),记作 $P(A)$。我们可以用 $\mathbf{N}^*$ 表示正整数集,因此 $\mathbf{N}^*$ 的所有子集构成的集合,即所有正整数集的子集构成的集合,就是 $\mathbf{N}^*$ 的幂集,记作 $P(\mathbf{N}^*)$。"

"好吧,"安娜贝尔说,"不管怎样,你确实已经证明了 $P(\mathbf{N}^*)$ 是不可数的—— $P(\mathbf{N}^*)$ 不能与 $\mathbf{N}^*$ 构成一一对应关系。 $P(\mathbf{N}^*)$ 当然是无限的,但是由此推断出 $P(\mathbf{N}^*)$ 大于 $\mathbf{N}^*$ 是没有根据的,因为你还没有证明 $\mathbf{N}^*$ 可以与 $P(\mathbf{N}^*)$ 的某个子集构成一一对应关系。你难道不是必须这样做才能完成你的论证吗?"

"我们已经将 $\mathbf{N}^*$ 与 $P(\mathbf{N}^*)$ 的一个子集构成了一一对应关系,"巫师回答。

· 6 ·

这是什么时候做到的?

在巫师提醒安娜贝尔问题4之后,他们俩之一(我忘了是安娜贝尔还是亚历山大)提出了一个问题:"我们已经看到,正整数的所有*有限子集*构成的集合都是可数的;因此可以用某个无限序列 $S_1, S_2, \cdots, S_n, \cdots$ 来列举。为什么此时我们不能应用康托尔的论证,得到一个与所有集合 $S_1, S_2, \cdots, S_n, \cdots$ 都不同的集合 S 呢? 这不是会产生一个悖论吗?"

· 7 ·

这会产生悖论吗?

"我有一个问题,"亚历山大在上一个问题解决后说,"我们知道正整数的所有*有限子集*构成的集合是可数的。那么正整数的所有*无限子集*构成的集合呢? 这个集合是可数的还是不可数的?"

· 8 ·

亚历山大的问题的答案是什么?

"还有一个问题。我们已经知道 $P(\mathbf{N}^*)$ 大于 $\mathbf{N}^*$。有大于 $P(\mathbf{N}^*)$ 的集合吗?"安娜贝尔问。

"当然有啊,"巫师回答。"$P(\mathbf{N}^*)$ 大于 $\mathbf{N}^*$ 这一事实只是康托尔定理的一个特例,这条定理说的是:

定理 C(康托尔定理):对于*任何*集合 A,A 的所有子集构成的集合 $P(A)$ 大于 A。

"康托尔定理的证明,"巫师说,"与我给你们的对于 A 是正整数集 $\mathbf{N}^*$ 的特例的证明没有本质上的不同。斯穆里安用下面这题很好地说明了这个证明背后的思想:在某个宇宙中,每一组居民组成一个俱乐部。该宇宙的注册官希望每个俱乐部都以一位居民的名字命名,使得不会有两个俱乐部以同一位居民的名字命名,并且每一位居民都有一个俱乐部以他的名字命名。一位居民不一定是以他的名字命名的俱乐部的成员。那么,对于一个只有有限多位居民的宇宙来说,这显然是不可能的,因为在这种情况下俱乐部比居民多(如果 n 是居民的数量,那么俱乐部的数量就是 2^n)。但是这个特殊的宇宙中有无限多位居民,所以注册官认为没有理由做不到这一点。然而,他尝试过的每一个方案都失败了——总会有一些剩余的俱乐部。为什么注册官的方案无法实现?"

·9·

试解释为什么注册官的方案是不可能实现的,这与康托尔定理有什么关系。

"作为康托尔定理的一个结果,"在安娜贝尔和亚历山大理解了这个证明之后,巫师说,"一定有无限个大小不同的无限,因为我们可以从正整数集 $\mathbf{N}^*$ 开始,然后我们有它的幂集 $P(\mathbf{N}^*)$,即 $\mathbf{N}^*$ 的所有子集构成的集合,它大于 $\mathbf{N}^*$,但仍然根据康托尔定理,这个新集合的幂集——也就是 $P(P(\mathbf{N}^*))$——大于 $P(\mathbf{N}^*)$,然后集合 $P(P(P(\mathbf{N}^*)))$ 更大,依此类推。因此,对于*任何集合*,总有一个更大的集合,因此集合的大小是无穷无尽的。"

解答

1. 对于每一个 n,最大值为 n 的一对数只有有限多的可能性——实际上正好有 n 种这样的可能性。因此最大值为1的一对只有一种可能性,即(1,1)。最大值为2的一对有两种可能性,(1,2)和(2,2)。然后,最大值为3的一对最多的三种可能性,即(1,3)、(2,3)和(3,3),依此类推。因此我们按顺序列举它们:(1, 1),(1, 2),(2, 2),(1, 3),(2, 3),(3, 3),(1, 4),(2, 4),(3, 4),(4, 4),…,(1, n),(2, n),…,(n-1, n),(n, n),…。

2. 在这种情况下,我们可能要花大约两倍的时间才能逃脱,但我们迟早还是能按顺序列举出这些有序对的:(1, 1),(1, 2),(2, 1),(2, 2),(1, 3),(2, 3),(3, 3),(3, 2),(3, 1),…,(1, n),(2, n),…,(n-1, n),(n, n),(n, n-1),…,(n, 2),(n, 1),(1, n+1),…。

3. 这实际上与上一题是同一个题,只不过一个正整数(作为分子)在另一个正整数(作为分母)的上面而不是在另一个整数的左边。因此,我们可以按顺序列举出这些正分数:$\frac{1}{1}$, $\frac{1}{2}$, $\frac{2}{2}$, $\frac{1}{3}$, $\frac{2}{3}$, $\frac{3}{3}$, $\frac{3}{2}$, $\frac{3}{1}$, $\frac{1}{4}$, $\frac{2}{4}$, $\frac{3}{4}$, $\frac{4}{4}$, $\frac{4}{3}$, $\frac{4}{2}$, $\frac{4}{1}$, $\cdots$。当然,如果我们不列出重复项,就可以早一点脱身,比如说 $\frac{2}{2}$(它实际上就是 $\frac{1}{1}$)和 $\frac{3}{3}$,以及 $\frac{2}{4}$(它实际上就是 $\frac{1}{2}$),等等。

4. 一个元素为 a_1, a_2, $\cdots$, a_n 的集合写成 $\{a_1, a_2, \cdots, a_n\}$。现在,最大数为 1 的集合只有 1 个,即 $\{1\}$。最大数为 2 的集合有 2 个,即 $\{1, 2\}$ 和 $\{2\}$。最大数为 3 的集合有 4 个,即 $\{3\}$, $\{1,3\}$, $\{2,3\}$, $\{1,2,3\}$。一般而言,对于任何正整数 n,最大数为 n 的集合有 2^{n-1} 个。原因如下:对于任何 n,从 1 到 n 的正整数集有 2^n 个子集(这里包括空集!)。所以,任何一个最大数为 n 的集合都由 n 以及从 1 到 $n-1$ 的正整数的某个子集组成,而这样的子集共有 2^{n-1} 个。

无论如何,重要的是,对于每个 n,都只有有限多个最大成员为 n 的正整数集。所以,我首先列出空集。然后,我列出最大数为 1 的集合。然后我遍历最大数为 2 的集合(顺序并不重要),然后遍历最大数为 3 的集合,依此类推。

5. 给定任何正整数 n,n 要么属于出现在第 n 页上的那个集合,要么不属于出现在第 n 页上的那个集合。我们令 S 为所有不属于出现在第 n 页上的那个集合的数 n 的集合。对于每个 n,我们令 S_n 为出现在第 n 页上的那个集合。我们对 S 的定义使得,对于每个 n,集合 S 必须不同于 S_n,因为当且仅当 n 不属于 S_n 时,n 才属于 S。这意味着要么 n 在 S 中但不在 S_n 中,要么 n 不在 S 中但在 S_n 中。不管在哪一种情况下,S 都必定不同于 S_n,因为这两个集合中的一个包含 n,而另一个不包含 n。

为了对集合 S 的构造给出一个更具体的概念,假设出现在前十页上的各集合如下:

第 1 页,S_1——所有偶数的集合

第 2 页,S_2——所有(正整)数的集合

第3页，S_3——空集

第4页，S_4——所有大于100的数的集合

第5页，S_5——所有小于58的数的集合

第6页，S_6——所有素数的集合

第7页，S_7——所有非素数的集合

第8页，S_8——所有能被4整除的数的集合

第9页，S_9——所有能被7整除的数的集合

第10页，S_{10}——所有能被5整除的数的集合

我只是随机地列出了前十个集合。那么，就最前面的十个正整数而言，S是什么样子的？好吧，1的情况如何，S应该包含1吗？1是第1页所列的那个集合的成员吗？也就是说，1是偶数吗？不，不是，所以1不属于S_1，因此我们将1放入S。2的情况如何？2当然在S_2中（2是一个正整数），所以我们不允许2在S中。3这个数当然不在S_3中（空集中没有任何数），所以我们将3作为S的成员。然后，4不在S_4中（4不大于100），所以4在S中。我们让读者检查接下去的六种情况：因为5在S_5中，所以5不在S中，；6不在S_6中（6不是素数），所以6在S中；7不在S_7中，所以7在S中；8在S_8中，所以8不在S中；9不在S_9中，所以9被放在S中；10在S_{10}中（10能被5整除），所以10不在S中。因此，在列出S的各元素时，如果n在S中，就让我们把n这个数放在第n位，而如果n肯定不在S中，就让我们在第n位放一个空格来表示。于是，我们列表的前十位看起来是这样的：1，_，3，4，_，6，7，_，9，_，…。我们现在看到，我们的集合S不同于S_1，因为它包含1，而S_1不包含1。同样，S不同于S_2，因为它不包含2，而S_2包含2。所以你看，对于每个n，要么S包含n而S_n不包含n，要么S不包含n而S_n包含n，所以S不可能与S_n一样。因此，集合S与出现在书中的每一个集合都是不同的。

当然，我们并非真的需要这本书来证明这一论证的正确性。这里的重点是，对于由正整数的所有子集构成的一个集合，给定它的*任何*一个列举S_1，S_2，…，S_n，…，总是存在着正整数的一子集S（即所以不属于S_n的n构成

的集合),它不同于所有的 S_n。因此,无限序列 S_1,S_2,$\cdots$,S_n,$\cdots$无法包括正整数集的*所有*子集,因为集合 S 被排除在外了。所以,所有正整数集的所有子集构成的集合(即幂集)不是可数的。

6. 在问题 4 中,我们证明了 $\mathbf{N}^*$ 的所有*有限*子集的集合是可数的,因此 $\mathbf{N}^*$ 可以与 $\mathbf{N}^*$ 的所有有限子集构成的集合建立起一一对应关系。显然,$\mathbf{N}^*$ 的所有有限子集构成的集合 F 是 $\mathbf{N}^*$ 的所有子集构成的集合的一个子集——因此 F 是 $P(\mathbf{N}^*)$ 的一个子集,并且 $\mathbf{N}^*$ 可以与 F 构成一一对应关系。

7. 当然不会有矛盾! 此时的集合 S 确实与每个有限集 S_n 都不同,但这仅仅意味着集合 S 不是有限的。

8. 我们知道正整数的所有有限集构成的集合是可数的,因此可以将其列举为某个无限序列 F_1,F_2,$\cdots$,F_n,$\cdots$。也就是说,对于每一个 n,我们都可以将某个正整数构成有限集 F 与之对应,并且这种对应使得每一个正整数构成的有限集都是这个或那个 F_n。现在,假设由正整数集的所有无限子集构成的集合是可数的。那么就可以用某个无限序列 I_1,I_2,$\cdots$,I_n,$\cdots$将其列举出来,其中对于每个 n,I_n 是对应于整数 n 的无限集。但是这样的话,我们就可以按 F_1,I_1,F_2,I_2,$\cdots$,F_n,I_n,$\cdots$的顺序列举出正整数的*所有*子集——有限的和无限的。这与正整数集的所有子集构成的集合是不可数的事实相反。

9. 假设注册官的计划可以实现。那么我们就会得到一个矛盾的结论:如果一位居民属于以他的名字命名的俱乐部,那么我们称他是*社交型*的,如果不是这种情况,那么称他是*非社交型*的。由于在这个宇宙中,每一组居民都会组成一个俱乐部,那么所有非社交型的居民也会组成一个俱乐部。这个俱乐部是以某人的名字命名的——比如说*约翰*。那么,约翰俱乐部的每位成员都是非社交型的,而每位非社交型的居民都属于约翰俱乐部。约翰是不是社交型的? 不管是不是,我们都会遇到一个矛盾:假设约翰是社交型的。那就意味着约翰属于约翰俱乐部,但只有非社交型的人属于约翰俱乐部,所以这种情况就被排除了。另一方面,假设约翰是非社交型的。既然每位非社交型的居民都属于约翰俱乐部,那么非社交型的约翰就必定属于约翰俱乐部,这就使得约翰是社交型的了(因为他属于以他的名字命名的俱乐部)。所以无论约翰是不是社交型的,我们都会遇到矛盾。因此,注册官的计划无法实现。

这个问题与康托尔定理的关联应该是显而易见的——它只是康托尔定理的一个特例。我们不再考虑一个宇宙的人,而是考虑一个任意集合 A。假设 A 与 A 的所有子集构成的集合 $P(A)$ 之间构成一一对应关系。我们会得到以下矛盾:A 的每个元素 x 都对应于 A 的一个且仅一个子集,我们可以称之为 x 的集合。现在,令 S 为 A 的所有元素 x 的集合,其中 x 不属于 x 的集合。(应用于上述问题,即 S 是非社交型的居民的集合。)没有 A 的某个元素 b 对应于这个集合 S,所以 b 的集合是所有具有下列性质的 x 的集合:x 不属于 x 的集合。如果 b 属于 b 的集合,那么 b 是具有不属于 b 的集合这一性质的元素之一,这就矛盾了。如果 b 不属于 b 的集合,那么 b 具有不属于 b 的集合这一性质,但是每一个具有这一性质的元素都属于 b 的集合,所以 b 必定属于 b 的集合,这样我们又有一个矛盾。这证明了 A 与其幂集 $P(A)$ 之间不存在一一对应关系。

当然,A 与 $P(A)$ 的某个子集可以如下构成一一对应:对于任何元素 x,我们用 $\{x\}$ 表示仅有元素 x 的集合(这样的集合 $\{x\}$ 称为单元集(*unit set*)或单元素集(*singleton*)。它只有一个元素,而不管 x 本身可能有多少个元素)那么,我们可以让 A 的每个元素 x 对应于单元素集 $\{x\}$。这种对应显然是一对一的,而 $\{x\}$ 当然是 A 的一个子集(因为 $\{x\}$ 的每个元素——只有一个,就是 x 本身——都是 A 的一个元素)。因此 A 与 $P(A)$ 的一些元素构成的一个集合形成一一对应。

既然 A 可以与 $P(A)$ 的一个子集构成一一对应,而 A 不能与 $P(A)$ 的所有子集构成一一对应(正如我们已经说明的),那么根据定义,$P(A)$ 大于 A。这就证明了康托尔定理。

但是出现了一些悖论！

"有件事情一直困扰着我，"亚历山大在下一次访问时说，"康托尔证明了对于任何集合A，都有一个大于A的集合，也就是$P(A)$。难道不是这样吗？"

"是这样的。"巫师说。

"那么，"亚历山大说，"假设我们把A取为*所有*集合构成的集合。那么根据康托尔定理，此时存在着一个比A大的集合，但是怎么可能有一个集合比所有集合的集合还要大呢？既然A包含所有集合，那么A的幂集——集合$P(A)$——就是A的一个子集，那么A的一个子集为什么可能比A本身还要大呢？我真的不明白！"

"啊，你重新发现了康托尔本人在1897年发现的一个著名的悖论，"巫师说，"后来，罗素[①]给出了康托尔悖论的一个简化版本，称为*罗素悖论*，它是这样的：给定一个任意集合x，那么x要么是它自身的一个元素，要么不是。例如，椅子的集合本身不是一把椅子，所以没有一个椅子的集合是它自身的一个元素。另一方面，取一个人类思维可以想象到的所有事物的集合。这个集合显然是人类思维可以想象到的某个事物，因此这个集合显然是其自

---

① 伯特兰·罗素（Betrand Russell，1872—1970），英国哲学家、数学家和逻辑学家，1950年诺贝尔文学奖获得者，分析哲学的创始人之一。——译注

身的一个元素。不是其自身的元素的那些集合被称为*正常集*,是自身元素的那些集合被称为*异常集*。

"异常集是否真的存在还有待探讨,但正常集无疑是存在的。我们遇到的所有集合几乎都是正常集。现在,令 B 为所有正常集构成的集合。因此,每一个正常集都是 B 的一个元素,且 B 的每一个元素都是一个正常集——在 B 中没有任何异常集。B 是它自己的元素吗?不管是不是,我们都会遇到矛盾。假设 B 是它自身的一个元素,而只有正常集才是 B 的元素,那么 B 必定是一个正常集;但另一方面,因为 B 是它自身的元素,所以 B 一定是一个异常集,这就产生了一个矛盾。即,假设 B 是异常集就会产生矛盾。现在假设 B 是正常集。既然所有的正常集都属于 B,那么 B 作为一个正常集就必定属于 B,这样就使 B 成了异常集(因为在这种情况下 B 属于它自身),所以假设 B 是正常集也会产生矛盾。这就是罗素那个著名的悖论。它是康托尔悖论的简化,因为它不涉及大小这一概念。稍后我将讨论康托尔悖论和罗素悖论的可能解答。

"1919年,罗素给出了这个悖论的一个普及版,他说某个村庄的理发师给村里所有自己不剃须的居民剃须。也就是说,理发师不给任何自己剃须的居民剃须,但任何自己不剃须的居民都由理发师给他剃须。理发师给自己剃须吗?还是说他不给自己剃须?如果他剃了,那么他就是在给自己剃须的人(即他自己)剃须,因此违反了他从不给自己剃须的人剃须的规矩。如果他不给自己剃须,那么他就是一位不自己剃须的居民,但他必须给每一位这样的居民剃须,所以他必须给自己剃须,我们又有了一个矛盾。理发师给自己剃须还是不给自己剃须?你们如何解答这个悖论?"

"也许这位理发师是个女人呢?"安娜贝尔建议。

"那也没用,"巫师说,"我说的并不是理发师给村里所有自己不剃须的*男人*剃须,而是说理发师给村里所有自己不剃须的*居民*剃须。"

"那么解答是什么?"安娜贝尔问。

"这个我们稍后再讨论,"巫师回答,"首先,我想告诉你们这个悖论的一些变体。"

"曼努里①有一个悖论，是说在某个国家里，每个城市都必须有一位市长，而没有两个城市可以共用一位市长。市长可以是他所担任市长的那座城市的居民，也可以不是那座城市的居民。通过了一条法律，专门为非本城居民的那些市长设立了一个名为阿卡迪亚②的特别城市。根据这条法律，每位非本城居民的市长都必须居住在那里。阿卡迪亚市和其他所有城市一样，也必须有一位市长。那么，阿卡迪亚市的市长是否应该居住在阿卡迪亚？

"还有一个关于鳄鱼的古老的两难问题：某条鳄鱼偷了一个孩子。鳄鱼向孩子的父亲承诺，如果父亲猜对鳄鱼是否会归还孩子，他就会归还孩子。如果父亲猜测鳄鱼不会归还孩子，鳄鱼该怎么办？

"我想起了一个自相矛盾的情境，那是逻辑学家斯穆里安有一次被一个聪明的学生智胜时遇到的。斯穆里安在他的逻辑导论课上，喜欢用以下方法说明哥德尔的证明背后的一个基本思想：他会把一枚 1 美分硬币和一枚 25 美分硬币放在桌子上，然后对学生说：'你要说一句话。如果这句话是真的，那么我答应给你两枚硬币中的一枚，但不说是哪一枚。但如果这句话是假的，那你就一枚硬币也得不到。'此时的问题是要想出一句话，迫使斯穆里安交出那枚 25 美分硬币（当然，前提是斯穆里安信守承诺）。"

·1·

如果你不知道这道谜题，那么说什么话会奏效？（解答在下文中给出。）

·2·

在安娜贝尔和亚历山大解答了第 1 题后，巫师说："现在，一个聪明的学生说了一句话，使斯穆里安不可能信守承诺，这会是一句什么话呢？"

---

① 格瑞特·曼努里（Gerrit Mannoury，1867—1956），荷兰数学家、哲学家和社会活动家。
　　——译注
② 阿卡迪亚（Arcadia）原意是古希腊的一个地名，在诗歌和小说中常用来指代世外桃源。
　　——译注

第1题和第2题的解答

1. 一句会奏效的话是："你不会给我1美分。"如果这句话是假的——即如果我不会给你1美分,那么这句话是假的——这意味着我会给你1美分,但这样的话我就为了一句假话而给你一枚硬币,而我说过我是不会这样做的。因此,这句话不可能是假的,它必定是真的。既然这是真的,那就意味着我不会真的给你1美分。因为我给你讲了一句真话,所以必须给你两枚硬币中的一枚。所以,我别无选择,只能给你25美分。

读者可能想知道这与哥德尔的定理有什么关系。斯穆里安把这25美分想象成代表真实,而1美分代表可证明性。于是,"你不会给我1美分"或"我不会得到1美分"的说法就对应于哥德尔的句子"我是不可证明的"。

2. 一句让斯穆里安无法信守承诺的话是:"两枚硬币你都不会给我。"不管我做什么,我都会不得不食言。(顺便说一句,这个故事是不足采信的,它从来没有发生在我身上! 我不知道巫师是怎么想到这个点子的,但我承认这个故事不错。)

"我还知道关于斯穆里安的另一件趣事。"巫师说。

"你似乎和斯穆里安这个人有一种诡异的联系,"安娜贝尔说,"你已经好几次提到过他了。你认识他本人吗?"

"不,我们俩素未谋面。从某种意义上说,我们生活在不同的现实中。我有理由认为他并不相信我是真实存在的——他相信我只是一个虚构出来的角色。我认为他也并不相信你们俩的存在。真是的,一个人怎么能如此愚蠢!"

"也许并不真实存在的是斯穆里安。"亚历山大提议。

"我也想过这种可能性,"巫师说,"在这种情况下,我所听到的关于他的那些故事就只是传说而已。无论如何,不管是传说还是事实,我听说,斯穆里安曾经给研究生上过一门关于公理集合论的课程。在一次他课讲到一半时,他的一个女学生进来,因为迟到而道歉,并问他能否给她一份笔记。斯穆里安回答说:'倘若你是个好学生,你就可以拿一本!'然后她问:'好学生究竟是什么意思?'斯穆里安回答说:'意思就是不知道好学生是什么意思!'全班哄堂大笑。"①

"这很奇怪,"安娜贝尔说,"因为根据斯穆里安对'好学生'的定义,一旦一个人听到了这个定义,他或她就绝不可能是好学生了,因为那样他或她就知道了'好学生'是什么意思,而好学生意味着不知道'好学生'是什么意思。"

"对此我可不确定,"巫师说,"一个人怎么可能*知道*'好学生'意味着不知道'好学生'是什么意思呢? 这在我看来是矛盾的。"

"不管怎样,让我们回到其他悖论上来。我希望你们试着回答下列问题。"

1. 理发师给自己剃须还是不给自己剃须?

2. 阿卡迪亚市的市长是否居住在阿卡迪亚?

3. 鳄鱼被告知它不会归还孩子时,它该怎么办?

4. 你如何从罗素悖论和康托尔悖论中绕出来?

· 3 ·

在继续阅读之前,你会如何回答这4个问题?

巫师的解释。"我连第一个都想不到,"安娜贝尔说,"我不明白理发师怎么能在不自相矛盾的情况下给自己剃须或不给自己剃须呢,但他必须做其中一件事。我不知道该怎么想! 是逻辑出了什么毛病吗?"

"当然不是!"巫师笑了,"理发师悖论的解答是如此显而易见,以至于任何人会被它愚弄都是一件令人惊讶的事! 然而,一些非常聪明的人也被欺骗了。这揭示了一种有趣的心理特征,但不幸的是,这种心理特征实在太普遍了。"

---

① 这个故事确实是真的,但我坚持认为巫师是一个虚构的人物,他是如何得悉的,我可真是搞不懂! 一个不存在的人是如何查明情况的? ——斯穆里安

"别吊我们的胃口了,"亚历山大说,"理发师悖论的解答是怎样的?"

"我给你一个提示,"巫师说,"假设我告诉你,某人身高超过6英尺(1.83米),但又不到6英尺。你会怎么解释呢?"

"我会说这是不可能的。"亚历山大回答。

"那么,这难道不是给了你解答理发师悖论的一个方法吗?"

"你可别告诉我,"安娜贝尔说,"这个解答就是简单地否认存在这样的一个理发师?"

"当然是这样!"巫师说,"还会是什么？ 在这里,我给了你关于某个理发师的一些矛盾的信息,而要你解释这一矛盾。而唯一的解释就是,我所告诉你的不是真的!"

"我从没这样想过!"安娜贝尔说。

"我也没有!"亚历山大说。

"没错!"巫师说,"这就是我提到的那种不幸的心理特征——倾向于相信别人对你所说的话。"

"其他所有悖论都是以同样的方式解答的吗?"安娜贝尔问。

"或多或少吧,"巫师回答,"让我们逐一地看一看吧。关于阿卡迪亚市的市长,他是不可能遵守这条法律的,因为这条法律前后有矛盾。如果市长决定居住在阿卡迪亚,那他就违反了这条法律,因为只有非本城居民的市长才能住在阿卡迪亚。如果他不住在阿卡迪亚,那他还是触犯了这条法律,因为他不住在阿卡迪亚就意味着他是一位非本城居民的市长,而所有的非本城居民市长都必须住在阿卡迪亚。因此,从逻辑上讲,这位市长不可能遵守这条法律。这并不构成一个悖论,而是仅仅意味着这条法律前后存在矛盾。至于那道鳄鱼的谜题,答案很简单,那就是这个生物说它会做到的事,其实它是做不到的。"

"现在,罗素悖论和康托尔悖论更令人担心、更令人不安,因为它们表明,在我们的思维方式中存在着某种根本性的错误。我想到的是:给定任何性质,都应该存在着一个由所有具有该性质的事物构成的集合,这难道不是很明显吗?"

"看起来肯定是这样!"安娜贝尔说。

"这似乎很明显!"亚历山大说。

"全部的麻烦就在这里!"巫师说,"这条原理被称为*无限抽象原则*（unlimited abstraction principle），即每种性质都决定了所有具有该性质的事物的集合。这条原理看起来确实是不言而喻的,但它会导致一个逻辑上的矛盾!"

"怎么会这样呢?"安娜贝尔问道。

"这就既引出了康托尔悖论,又引出了罗素悖论。假设对于任何性质,都存在一个具有该性质的所有事物所构成的集合,这一点实际是成立的。好吧,取'是一个正常集合'作为这一性质。那么必然存在着由所有正常集合构成的集合 B,于是我们就得到了罗素悖论:集合 B 既不能是其自身的一个成员,也不能不是其自身的一个成员而不表现出矛盾。因此,无限抽象原则就导致了罗素悖论。它还导致了康托尔悖论,因为我们可以取'是一个正常集合'这一性质,于是就有了所有集合构成的集合。一方面,这个集合比任何集合都要来得大,但是另一方面,对于任何集合,都存在着一个更大的集合（这是由康托尔定理得出的）,因此必定有一个集合大于所有集合构成的集合,而这是荒谬的。因此,康托尔悖论的谬误在于认为存在着一个所有集合构成的集合这样的东西,而罗素悖论的谬误是认为存在着所有正常集合构成的集合这样的东西。这两个集合根本不可能存在。然而,看似不言而喻的无限抽象原理导致了这些悖论,因此它不可能成立。它'看起来成立'这一事实,就是当我说我们对集合的朴素思维方式存在着某种根本性的错误时,我的意思所指。

"这些悖论的发现起初非常令人不安,因为它似乎预示了数学可能与逻辑不一致这一不祥之兆。数学的基础有必要重建,关于这一点,我下次会告诉你们。"

第 21 章

解　答

"你上次就打算告诉我们,悖论的出现如何导致了数学基础的重建。"亚历山大在下次来访时说。

"是的,"巫师说,"当时,人们知道的最全面的数学基础体系是弗雷格①的体系。它的宗旨是从逻辑和集合的几条基本原理中推导出所有的数学。除了某些逻辑公理之外,他对集合只取了一条公理,即无限抽象原理:每种性质决定一个集合——所有具有该性质的事物构成的集合。弗雷格仅从集合论的这一条公理出发,就可以推导出数学所需的所有集合。首先,我们可以取某种对任何事物都不成立的性质,比如某物的性质不等于其自身这一性质,然后我们得到了具有该性质的所有事物的集合,这就是空集(因为没有任何事物具有该性质),并记作 $\varnothing$。下一步,给定任何实体 x 和 y,我们可以构成所有具有下列性质的事物的集合:要么与 x 完全相同要么与 y 完全相同。这个集合记作 $\{x,y\}$,它的元素是 x 和 y,没有其他元素。如果 x 和 y 恰好是同一个实体,那么这一点也成立,在这种情况下,集合 $\{x,y\}$ 就是单元素集 $\{x\}$——这个集合的唯一元素就是 x。

"所以,我们现在有了空集 $\varnothing$,而有了空集之后,我们就有了集合 $\{\varnothing\}$,它

唯一的成员是空集∅。不要将{∅}与空集∅本身混为一谈,因为空集没有成员,而集合{∅}有一个成员——即∅。有了集合{∅},我们接下去就可以构成集合{{∅}},它唯一的成员是{∅},然后是集合{{{∅}}},然后是集合{{{{∅}}}},依此类推,这样就会得到无限多个集合！这些集合可以起自然数的作用,这是策梅洛[①]后来认识到的:他取 0 为空集,然后取 1 为{∅},然后取 2 为{1}(也就是{{∅}}),取 3 为{2},依此类推。从弗雷格的无限抽象原理也可以推导出所有自然数这一集合。这个集合通常用符号 ω 来表示。

"接下来,给定了任何集合 A,我们可以论及'是 A 的一个子集'这一性质,根据弗雷格的原理,在这种情况下就存在着具有该性质的所有事物的集合——换言之,存在着 A 的所有子集构成的集合,这就是 A 的幂集 $P(A)$,它在康托尔的研究中发挥着基本的作用。

"接下来,我们可以讨论'至少是 A 的一个元素'的元素这一性质,根据弗雷格的原理,存在 A 的所有元素的所有元素构成的集合,这个集合被称为 A 的并集,记作∪A(例如,如果 A 是俱乐部的集合,那么∪A 就是在这些俱乐部中的所有人的集合)。

"是的,根据弗雷格的无限抽象原理,我们可以简洁地得到研究经典数学所需的所有集合。弗雷格的体系只有一个困难;它是不一致的！从无限抽象原理,我们可以得到所有正常集合的集合,这就给出了罗素悖论,也可以得到所有集合的集合,这就给出了康托尔悖论。不幸的是,就在弗雷格的巨著即将出版之际,弗雷格收到了罗素的一封信,信中解释了他的体系是不一致的,并用罗素悖论给出了证明。弗雷格承认罗素的证明是正确的,因此感到极为沮丧,觉得自己一生的研究功亏一篑。他的沮丧其实是没有必要的,因为他体系的不一致性是可以纠正的,而且他的著作中包含了大量后来被罗素和其他人使用的基本思想。事实上,罗素对弗雷格非常尊敬。罗素在 1902 年撰写的《数学原理》(*The Principles of Mathematics*)一书中是这样描

---

① 恩斯特·策梅洛(Ernst Zermelo, 1871—1953),德国数学家,主要研究领域为数学基础,对哲学有重要影响。——译注

述弗雷格的。"

弗雷格的著作似乎远不如它应有的那样广为人知。这本著作包含了本书第一部分和第二部分所阐述的许多学说，而在与我所倡导的观点不同的那些地方，我就需要对这些不同之处加以讨论。弗雷格的著作充满了各种微妙的区分，这就避免了困扰着写作关于逻辑知识的作家们的所有常见谬误。在下文中，我将简要地阐述弗雷格关于最重要的几点的理论，并在那些我有不同见解的地方，解释我与之不同的理由。但与一致的观点相比，分歧点非常少，也非常微小。

"你说过，"安娜贝尔说，"弗雷格体系的不一致是可以纠正的。怎么纠正呢？"

"这正是重建工作的意义所在，"巫师说，"这是沿着两条主线进行的。第一条主线是怀特海德①和罗素在他们不朽的三卷本巨著《数学原理》中完成的。策梅洛在被称为策梅洛集合论的工作中采用了第二条主线，后来经弗伦克尔②进一步阐述，形成了所谓的策梅洛-弗伦克尔集合论，这是现今使用的主要数学体系之一。怀特海德和罗素的体系虽然用合理的确定性排除了不一致性，但这是一个相对复杂的体系，因此现在没有得到普遍使用，我宁愿告诉你们策梅洛所遵循的主线。

"策梅洛的基本思想是用所谓的有限抽象原理或分离原理来取代弗雷格那导致了不一致性的无限抽象原则。策梅洛的原理是：给定任何一个性质，并给定任何一个集合A，存在着集合A的所有具有该性质的元素构成的集合。因此，我们不能像弗雷格那样，说具有该性质的所有x的集合，但我们可以说A中具有这一性质的所有x的集合。策梅洛的这条有限抽象原理有时也被称为分离原理，这是因为给定任何集合A，一种性质将A中具有该

---

① 阿尔弗雷德·怀特海德(Alfred Whitehead，1861—1947)，英国数学家、哲学家，"过程哲学"(process philosophy)的创始人。——译注

② 亚伯拉罕·弗伦克尔(Abraham Fraenkel，1891—1965)德国数学家，他改进了策梅罗的形式集合论结果，形成了著名的策梅洛-弗伦克尔公理体系。——译注

性质的元素与 A 中不具有该性质的元素分离开了。现在，我们知道这条分离原理从未导致过任何矛盾，而且似乎永远也不会导致任何矛盾。实际上，这是一般数学家常常用到的一条原理，例如，他或者会说到具有一种给定性质的所有数的集合，或者如果他在研究几何的话，他可能会说到一个*平面上*具有一种给定性质的所有*点*的集合。他所说的并不是具有一种给定性质的所有*事物*的那个集合，这些"事物"来自某个已经确定存在的集合 A。

"如果我们不使用弗雷格的无限抽象原理，而是使用策梅洛的分离原理，那么罗素悖论就不复存在了：我们不能再构成*所有*正常集合的集合，而是从预先给定的一个集合 A，我们可以构成*集合 A 中的*所有正常元素的集合 B。（我们记得，正常集合是一个不是其本身的元素的集合。）这就不会导致悖论了，只是导致了这样的结论：B 虽然是 A 的一个子集，但不可能是 A 的一个元素。"

"是一个子集和是一个元素有什么区别？"亚历山大问。

"说集合 X 是集合 Y 的一个元素，指的是 Y 是一堆东西，而 X 是其中之一。说 X 是 Y 的一个子集，并不是说 X 本身是 Y 的一个成员，而是说 X 的所有成员也是 Y 的成员。例如，假设 X 是这颗行星上所有男人的集合，Y 是这颗行星上所有人的集合。当然，所有男人的集合 X 并不是 Y 的一个成员（它本身当然不是一个人），但它的所有成员都是 Y 的成员——每个男人也是一个人。再举个椅子的例子，这栋房子里各把椅子的集合是这栋房子里家具的集合的一个子集，但它并不是这个集合的一个元素——它本身不是一件家具。又例如，所有*正偶数*的集合 E 是所有正整数构成的集合 $\mathbf{N}^*$ 的一个子集，但 E 肯定不是 $\mathbf{N}^*$ 的一个成员，E 本身不是单独一个正整数。"

"我明白了。"亚历山大说。

"好的，那么你能理解为什么 A 的所有正常元素构成的集合 B，尽管显然集合 B 是 A 的一个子集，但不会是 A 的一个元素吗？"

· 1 ·

为什么会是这样的？

"因此,罗素悖论不会在策梅洛集合论中重现。康托尔悖论也不会,因为在策梅洛集合论中无法证实存在所有集合组成的那个集合。事实上,可以从分离原理证明不存在所有集合组成的集合这种东西。你们明白如何证明吗?"

· 2 ·

这该如何证明?

· 3 ·

这里有一个类似的问题。假设有人告诉你某位理发师为一个无名小镇上所有自己不剃须的居民剃须,他从不给这个小镇上任何自己剃须的居民剃须。这一定会导致一个矛盾吗?

"那么现在,"巫师说,"作为放弃弗雷格的*无限抽象原理*的代价,策梅洛必须把集合$\varnothing$,$\{x,y\}$,$P(A)$,$\cup A$的存在作为各自独立的公理,他还必须把所有自然数的集合的存在作为公理——这就是所谓的*无限公理*(*axiom of infinity*)。因此,策梅洛的体系的公理有:(1)分离原理;(2)空集$\varnothing$的存在性;(3)对于任何集合x和y,存在着其成员仅为x和y的集合$\{x,y\}$;(4)对于任何集合A,存在其幂集$P(A)$;(5)对于任何集合A,存在其并集$\cup A$;(6)无限公理。

"这就是策梅洛的整个体系。很久以后(在20世纪20年代),弗伦克尔补充了一个后来被证明非常强大的公理,称为*置换公理*(*axiom of replacement*)。这个公理大致上是说,对于给定的任何集合A,我们可以通过将A的每个元素置换为不管是什么的任何元素来构成一个新集合,其条件是,可以用同一个元素置换两个或多个元素,但任何元素都不能被多个元素置换(因此集合A的大小不会增大)。

"这就是著名的Z.F.系——策梅洛-弗伦克尔集合论。如今它被广泛地使用,而且神奇的是,整个经典数学——数论、代数、微积分、拓扑学等——都可以由集合论的这几个公理推导出来! 我希望有朝一日能让你们对这是如何做到的有所了解。"

解答

1. 设 B 是 A 的所有正常元素的集合。因此，B 由 A 中的所有且仅是那些正常元素 x 组成。因此，对于*恰好在 A 中*的每一个 x，当且仅当 x 是正常元素时，x 才在 B 中。(这完全不同于说对于*不管是什么的*任何 x，当且仅当 x 是正常元素时，x 才在 B 中。后者相当于说，B 是所有 x 的集合，只要 x 为正常元素，而本题中 B 只是*在 A 中*的所有正常的 x 的集合。)现在，如果 B 是 A 的一个元素，那么 B 就会是这样的一个 x：当且仅当 x 是正常元素时，x 在 B 中——换言之，当且仅当 B 是正常元素时，B 才会在 B 中。但这是荒谬的，因为说 B 是正常的就是说 B 不在 B 中！因此，假设 B 是 A 的一个元素导致了一个矛盾(类似于罗素悖论的那个矛盾)，但是 B 不在 A 中(不是 A 的一个成员)就可以避免这个矛盾。

2. 这可以由第 1 题得出：给定任何集合 A，它不包含 A 的所有正常元素构成的集合 B。这样，有些集合不在 A 中。因此，并非所有集合都是 A 的成员，因此没有任何集合 A 会是所有集合的集合。

3. 不，这并不会导致矛盾，因为题中没有告诉你理发师本人是这个无名小镇的居民！结论很简单，该理发师不是这个小镇的居民，因为如果他是的话，那么他无法在不与给定的条件相矛盾的情况下，既不能给自己剃须也不能不给自己剃须。然而，如果他住在这个无名小镇之外，那他就可以给自己剃须，也可以不给自己剃须了，而不会因此产生任何矛盾了，因为没有人告诉你关于这个无名小镇之外的人的情况，对于他们，他给谁剃须或不给谁剃须都没说过！(我希望你能看出这与第 1 题之间的类比！)

第22章

连续统问题

"有一件事我想知道，"安娜贝尔说，"我们知道正整数集的所有子集的集合 $P(\mathbf{N}^*)$ 大于正整数集 $\mathbf{N}^*$。那么，是否存在一个集合 A，它大于 $\mathbf{N}^*$ 但小于 $P(\mathbf{N}^*)$？换言之，在 $\mathbf{N}^*$ 和 $P(\mathbf{N}^*)$ 之间是否存在着某个中间大小的集合，或者说紧接着大于 $\mathbf{N}^*$ 的集合是不是就是 $P(\mathbf{N}^*)$？"

"啊！"巫师说，"你当然想知道！我也想知道！整个数学世界都想知道！这是康托尔提出的一个基本问题，至今还未得到解答！康托尔*猜想*，不存在任何大小介于 $\mathbf{N}^*$ 和 $P(\mathbf{N}^*)$ 之间的集合。这个猜想被称为*连续统假设*。但这只是一个假设或猜测，时至今日，它仍然既没有被证明，也没有被否定。康托尔还提出了一个更为普遍的猜想，即对于任何无限集 A 都不存在一个大小介于 A 和 $P(A)$ 之间的集合。这个猜想被称为*广义连续统假设*。但同样，这也只是一个猜测，还没有人证明或否定它。我个人认为这个未解问题是*最伟大的未解问题*，是所有数学问题中最有趣的未解问题。对此，许多数学家和逻辑学家都与我有同感。"

"为什么这里要用'连续统'这个词呢？"亚历山大问。

"集合 $P(\mathbf{N}^*)$ 恰好可以与一条无限直线上的点集构成一一对应，而一条直线有时被称为一个连续统。因此，我们说 $P(\mathbf{N}^*)$ 与连续统具有相同的大小。因此，这里的问题在于是否存在一个集合，它大于 $\mathbf{N}^*$ 但小于连续统。"

"解决连续统问题的前景如何?"安娜贝尔问。

"这很难说,"巫师回答,"1939 年,哥德尔证明了如果我们采用策梅洛-弗伦克尔体系(这是迄今已知的最强大的数学体系之一),那么连续统假设在其中是无法被推翻的。1963 年,科恩①证明了连续统假设永远无法由这些公理得到证明。因此,连续统假设是*独立于*现今的那些集合论公理之外的。"

"这是否意味着连续统假设既非真也非假,而仅仅取决于你所采用的公理体系?"安娜贝尔问道。

"这是一个极具争议性的问题,"巫师回答说,"有一些被称为*形式主义者*的数学家,他们认为连续统假设既非真也非假,而完全取决于你采用什么公理体系,因为我们既可以将连续统假设添加到集合论的公理之中,也可以将其否命题添加进去,并且在两种情况下都会得出一个一致的体系——当然,我们假设集合论的那些公理本身是一致的,而这一点几乎是毫无疑问的。因此,形式主义者们不认为连续统假设本身非真即假,而是仅仅依赖于我们所采用的公理体系。另一个极端是所谓的数学*现实主义者*,或*柏拉图主义者*,我本人绝对是其中之一。我们相信,连续统假设当然是非真即假的,但我们不知道是真还是假。我们认为我们对集合的了解还不足以回答这个问题,但这并不意味着这个问题没有答案!"

"形式主义者的这种立场真的让我感到非常奇怪! 物理学家和工程师们肯定不是这样想的。假设一个工程师团队建造了一座桥,第二天军队将行军通过这座桥。工程师们会想知道这座桥是否能承受这个质量,或者它是否会坍塌。要是告诉他们:'嗯,在一些公理体系中,可以证明这座桥能够支撑住,而在另一些公理体系中,可以证明这座桥会坍塌。'这肯定不会给他们带来任何好处。工程师们想知道这座桥是否*真*的能撑得住! 而对我(和其他柏拉图主义者)来说,此时的情况与连续统假设的情况是一样的:在 $\mathbf{N}^*$ 和 $P(\mathbf{N}^*)$ 之间是否存在一个中间大小的集合? 如果形式主义者要告诉我,

① 保罗·科恩(Paul Cohen, 1934—2007),美国数学家,因连续统假设的独立性证明获得 1966 年菲尔兹奖章。——译注

在一个公理体系中是存在的,在另一个公理体系中是不存在的,我会回答说,这不会给我带来任何好处,除非我知道这两个公理体系中哪一个是*正确的*!但对形式主义者来说,*正确性*这个概念,除了单纯的一致性以外,要么毫无意义,要么其本身取决于采用哪个公理体系。因此,要解开形式主义者和柏拉图主义者之间的僵局几乎是毫无希望的!我认为任何一方都无法让另一方让步分毫!"

"我没有意识到,"安娜贝尔说,"在数学这样的领域里也会有那么多的争议!我以为这片土地已经是板上钉钉,没有意见分歧的余地了。"

"意见的分歧与其说是在数学上,不如说是在数学的*基础*上。数学基础这一主题与哲学已非常接近了,在哲学领域中无疑存在着巨大的意见分歧。"巫师回答。

"那么哥德尔和科恩呢?"亚历山大问道,"他们是形式主义者还是柏拉图主义者?"

"关于科恩的情况,我不确定,"巫师回答,"事实上,我不确定科恩是否已经对这件事拿定了主意,尽管我猜想他有点接近形式主义,但对此请不要引用我的话作为证据,因为我真的不知道。现在来谈关于哥德尔,他显然是一位柏拉图主义者!他曾明确地说过,我们需要的是找到新的集合论公理,新公理要和现存的那些公理一样,是不证自明的真理,并且足够强大,从而能以这样或那样的方式解决连续统假设。他还预言,有一天这样的公理会被发现,而当它们被发现了以后,康托尔的连续统假设会被认为是不成立的!是的,哥德尔证明了,尽管连续统假设(甚至广义的连续统假设)由现今的集合论公理永远无法推翻,但它仍然是不成立的。

"好了,"巫师总结道,"到目前为止,哥德尔的希望尚未能实现。还没有发现任何可以解决这个问题的不证自明的新公理。它们会被发现吗?天晓得?如果它们被发现了,那一定会是辉煌的一天!"

第七部分

超游戏、悖论和
一个故事

第23章

超　游　戏

有一天,巫师问:"你们知道*超游戏*这个悖论吗?"

安娜贝尔和亚历山大都没有听说过。

"这是数学家兹威克①在20世纪80年代创造的一个可爱的悖论。除了本身就是一个令人愉快的悖论之外,它还引出了对康托尔定理的一种全新的证明。"

"听起来这很有趣!"安娜贝尔说。

"好吧,首先来说这个悖论,"巫师说,"我们将讨论仅两个人玩的那些游戏。如果一个游戏必须在有限的步数内结束,那就称它为*正常*(*normal*)游戏。一个明显的例子是井字游戏②,它最多在9步内必须结束。国际象棋也是一种正常游戏,50步规则确保了这个游戏不可能永远进行下去。跳棋也是一种正常游戏。我知道的每一种纸牌游戏都是正常游戏。国际象棋如果用一个无限大的棋盘来下的话,那可能是一个不正常游戏。

"现在来说*超游戏*:超游戏中的第一步是宣布应该玩什么*正常游戏*。例

---

① 威廉·兹威克(William Zwicker,1949—　　),美国数学家,集合论和社会选择理论专家。
　　——译注

② 井字游戏(tic-tac-toe),也称为圈圈叉叉、圈叉棋等,是一种在3×3格子上进行的连珠游戏,两位游戏者轮流在格子里画"○"和"×",三个相同标记先成一直线者获胜。
　　——译注

如,假设你们中的一个在和我对局,并且我走第一步。于是我就必须宣布应该玩什么正常游戏。我可能会说:'让我们下国际象棋吧。'在这种情况下,你走国际象棋的第一步,然后我们一直下,直到这盘国际象棋下完为止。或者,我也可能会说:'让我们下跳棋吧。'那么你走跳棋游戏的第一步,然后我们继续玩,直到这盘跳棋下完为止。或者我还可能会说:'让我们玩井字游戏吧。'——我可以选择我喜欢的*任何*正常游戏。但我不能选择一种不正常游戏,我必须选择一种正常游戏。

"现在的问题是:超游戏是否正常?"

他们俩考虑了一会儿,得出的结论是,超游戏一定是正常的。

"为什么?"巫师问道。

"因为,"他们解释说,"无论选择的是什么正常游戏,这个游戏最终必定会结束,因为它是正常游戏。这将使正在玩的超游戏也随之结束。因此,不管选择什么样的正常游戏,这个过程必然会终止。因此,超游戏必然是正常的。"

"到目前为止,一切都很好,"巫师说,"但随后出现了一个问题。既然已经确定了超游戏是正常的,而且我可以在第一步选择*任何*正常游戏,那么我就可以说:'让我们玩超游戏吧。'然后你可以说:'好吧,让我们玩超游戏吧。'然后我可以说:'好吧,让我们玩超游戏吧。'这个过程可以无限地继续下去。因此,超游戏并不一定会结束,而这意味着超游戏根本不是正常游戏!然而,你们已经证明它是正常的!这是一个悖论。"

安娜贝尔和亚历山大都无法解答这个问题。

"这个问题的关键是,"巫师说,"游戏的一般概念没有得到很好的定义。倘若给定了由定义好的游戏构成的一个集合 S,那么我们确实可以定义该集合 S 的一个超游戏,但这个超游戏本身不可能是 S 的游戏之一。

"现在,有人——我想是黑格尔①——曾经将悖论定义为倒立的真理。

---

① 格奥尔格·黑格尔(Georg Hegel, 1770—1831),德国哲学家,德国 19 世纪唯心主义哲学的代表人物之一、德国古典哲学的代表人物之一。——译注

非常常见的情况是,最初以悖论形式出现的东西会被修改,并引出一条重要的真理。兹威克的超游戏悖论也是如此。对这一论证的修改建立了一条有趣的定理,而这条定理则引出了对康托尔定理的一种全新证明。

"简单回顾一下康托尔的证明。给定一个集合 A,A 的每个元素 x 都与 A 的一个子集(记作 S_x)相关联。此时的主要想法是构造出 A 的一个子集 C,对于每个 x,C 都不同于 S_x。康托尔取 C 为 A 的所有使 x 不属于 S_x 的元素 x 构成的集合。现在,兹威克所做的是找到一个完全不同的集合 Z,它与每一个 S_x 集合都不同。正如康托尔的论证一样,它表明的是:不可能将 A 与 A 的所有子集构成的集合构成一一对应,但兹威克得到的新集合 Z 与康托尔得到的集合 C 是完全不同的。以下是兹威克所做的论证。

"一旦给出了所需的对应(它给 A 中的每个 x 都分配了子集 S_x 与之对应),我们就将一条*路径*定义为由 A 的元素构成的任意有限或无限序列 $x, y, z, \cdots$,使得对于该序列的每一项 w,要么 w 是最后一项,要么下一项是 S_w 的一个元素。因此,一条*路径*的生成方式如下:从 A 的一个任意元素 x 开始,若 S_x 是空集,则路径结束,若不是,则选择 S_x 的某个元素 y。然后我们就有了一个由两项构成的序列 (x, y)。若 S_y 是空集,则路径结束;若不是,则选择 S_y 的某个元素 z。然后我们就有了一个由三项构成的序列 (x, y, z)。若 S_z 是空集,则路径结束,但若 S_z 是非空的,则选择某个元素 w,使其成为该路径的第四项,并以这种方式继续下去,直到你要么到达某个空集 S_v,在这种情况下路径结束,要么不停地继续下去,从而生成一条无限路径。[例如,如果 y 是 S_x 的一个元素,而 x 是 S_y 的一个元素,那么 $(x, y, x, y, \cdots)$ 就会是一条无限路径。或者如果 x 恰好在 S_x 中,那么 $(x, x, x, x, \cdots)$ 就会是一条无限路径。]现在,给定任何 x,要么存在着一条从 x 开始的无限路径,要么不存在这样的路径。现在,如果不存在从 x 开始的一条无限路径,就定义 x 为*正常*的。这样的话,如果 x 是*正常*的,那么以 x 开头的*每一条*可能路径都必定会结束。现在令 Z 为所有正常元素构成的集合。于是我们就有:

定理 Z——(兹威克定理):对于每一个 x,集合 Z 都不同于 S_x。

"这条定理的证明，"巫师说，"显然是对超游戏中存在的那个悖论的论证的一个修改。"

· 1 ·

试证明兹威克定理。

"请注意，"巫师说，"兹威克的集合 Z 与康托尔的集合 C 没有任何关系。正常元素的集合与不属于 S_x 的 x 构成的集合没有值得注意的关系。

"康托尔的证明本质上依赖于否定的概念。C 是使得 x 不属于 S_x 的所有元素 x 的集合。兹威克的证明不是基于否定，而是基于*有限*这一概念。"

"在我看来，"安娜贝尔说，"否定的概念就隐匿在兹威克的证明之中。如果不存在从 x 开始的无限路径，那么他就将 x 定义为正常的。这难道不是隐含地使用了否定的概念吗？"

"这是一个机敏的发现，"巫师说，"不过这样使用否定并不是真正本质的。我们本可以这样简单地定义 x 为正常的：如果*所有*从 x 开始的路径都是有限的。"

解答

1. 我们要证明，对于任何 x，正常元素的集合 Z 不可能是 S_x。这相当于我们要证明，对于任何 x，S_x 都不是所有正常元素的集合。因此假设 x 使得 S_x 是所有正常元素的集合，于是我们就得到了如下矛盾：

我们会首先证明 x 必定是正常的。那么，考虑从 x 开始的任何路径，如果 S_x 恰好是空集，那么路径在 x 处就结束了（因为任何第二项 y 都必定是 S_x 的一个成员），所以我们假设 S_x 是非空的。那么路径的第二项 y 必须从 S_x 中选择，因此必定是正常的（因为 S_x 中只有正常元素）。既然 y 是正常的，那么从 y 开始的每条路径都必定会结束，因此每一条从 $(x, y, \cdots)$ 开始的路径都必定会结束，所以 x 必定是正常的。

既然 x 是正常元素，而 S_x 是*所有*正常元素的集合，那么 x 必定是 S_x 的一个成员。因此，正如存在着无限游戏（"让我们玩超游戏吧""让我们玩超游戏吧""让我们玩超游戏吧"，…）那样，也存在着无限路径 $(x,x,x,x,\cdots)$，于是我们就得到了一个矛盾。

因此，所有正常元素的集合 Z 必定与每一个 S_x 都不同。

第24章

有矛盾吗?

"我最近想到了一个悖论,"安娜贝尔说,"它涉及你对康托尔定理的那个证明(利用了一本印有各种集合的书)的解释。你还记得吗? 你描述了一本有可数多页的书,页码编号为第1页、第2页、……,每一页上都印着正整数的一个子集的清单。这里要解决的问题是要描述一个在这本书中的任何一页上都没有出现过的集合。你还记得吗?"

"是的,我当然记得。"巫师回答。

"很好,如果你还记得的话,你当时给出的解答是这样描述的:'*所有那些n的集合,其中每一个n都不是出现在第n页上的那个集合中的一个成员。*'"

"没错!"巫师说。

"现在,我的悖论是这样的:假设上述这个描述出现在这本书的某一页上,比如说第13页。那么此时13是不是该集合的一个成员呢? 试想一下,我们在考虑的是不属于出现在第n页上的集合的所有数n的集合S。因此,对于任何数n,当且仅当n不属于在第n页上的集合时,n属于S。尤其是,当且仅当13不属于出现在第13页上的集合时,13属于S,但S就是出现在第13页上的那个集合,所以我们得到了一个荒谬的结果,即仅当13不属于S时,13属于S! 怎么会这样呢?"

"太妙了！"巫师笑着说。"我非常喜欢这个构想！"

"但解答是什么呢？"安娜贝尔恳求道。

· 1 ·

在进一步阅读之前，你是否知道如何解答这个悖论？

第1题的解答。"对此的解释是这样的，"巫师说，"请考虑下面的表述：

（1）所有满足以下条件的 n 构成的集合：n 不属于出现在第 n 页上的集合。

"现在，如果（1）出现在某一页上——比如第13页——那么它并不是对任何集合的一个真实叙述，它是一个所谓的*伪描述*。"

"为什么？"安娜贝尔问。

"因为如果它是一个真实叙述，那就会导致一个矛盾——你刚才非常贴切地描述了这种矛盾。"

"我不能确定这个解释是否令人满意。"安娜贝尔说。

"换个思路，"巫师说，"如果对于一个数集的叙述是真实的，那么它就必须提供一条明确的规则——来判定哪些数在此集合中，哪些数不在此集合中。如果表述（1）出现在书的第13页上，那么对于*除了13之外*的每一个 n，它可以告诉你 n 是否在这个集合中。但它并*没有*告诉你13是否在这个集合中。现在，以下是一个真实的叙述，即使它确实出现在第13页上。

（2）除13之外的所有满足以下条件的 n 构成的集合：n 不属于出现在第 n 页上的那个集合。

"根据这个叙述，13这个数不是第13页所叙述的集合的成员。此外，以下描述如果出现在第13页上，那么它也是一个真实的叙述。

（3）由13以及除13之外所有满足以下条件的 n 构成的集合：n 不属于出现在第 n 页上的那个集合。

"这是真实的，因为它告诉你如何处理13——13将被包括在这个集合中。所以（2）和（3）是真实的叙述，即使其中任意一个出现在第13页，但（1）

如果出现在第13页,就不是真实的叙述了。奇怪的是,(1)**只要不出现在书的任何一页上,它就是真实的!** 如果它写在这本书之外,那么它就是真实的——当然,前提是书中的所有叙述都是真实的。"

这时,巫师向空中凝视了几分钟,陷入了沉思。等他回过神来,他说:"你知道吗,你刚刚让我想到了一个更令人困惑的悖论!好了,我们现在来考虑另一本有可数多页的书,每一页上都印着对正整数集的一个真描述或一个伪描述。与上一本书不同,我们现在允许在某些页上出现伪描述。那么,下面的描述肯定是真的:

所有满足以下条件的 n:第 n 页上的描述是真实的,而且 n 不属于出现第 n 页上的那个集合。

"这个叙述必定是真实的,因为它提供了一条明确的规则,规定了哪些数属于所叙述的集合 S,哪些数不属于。考虑一个任意数 n,第 n 页上的叙述要么是真实的,要么不是。如果不是,那么 n 被自动排除在 S 之外。如果是,那么 n 页上的叙述确实描述了一个集合,因此它确实确定了 n 是否在该集合中,并相应地确定了 n 是否在 S 中。因此,上述描述确实是真实的。

"现在,如果这个真实的叙述是印在第13页上的,会发生什么呢?在这种情况下,13是否在所描述的那个集合中?正如安娜贝尔向我们展示的那样,在两种情况下你都会遇到矛盾,这次我们不能通过说这个描述不真实而摆脱矛盾了,因为我刚刚向你们证明了它是真实的!怎么样?"

"你真是总让大家都没好日子过!"亚历山大说。

"我知道。"巫师恶作剧地微笑着说。

· 2 ·

那么,我们怎样才能解答出这个悖论呢?(解答在本章最后给出。)

与贝里悖论[1]的关系。"实际上,"巫师在给出解答后说,"我的悖论与贝

---

[1] 首先正式讨论这一悖论的是伯特兰·罗素,他将其归功于牛津大学的初级图书管理员G.G.贝里(G.G.Berry,1867—1928)。——译注

里悖论密切相关,是它的一个康托尔式版本。"

"什么是贝里悖论?"安娜贝尔问道。

"是这样的:随着数变得越来越大,需要越来越多的字来描述它们。"

"这似乎很合理。"亚历山大说。

"事实上,对于任何正整数 n,必定存在不能用少于 n 个字来描述的数。"

"我相信。"亚历山大说。

"那么对于任何 n,必定存在一个不能用少于 n 个字来描述的*最小的*数。对吗?"

"当然。"安娜贝尔说。

"好的,现在请看下面的描述。

不能用少于十八个字来描述的最小的数。

"这描述了一个确定的数,不是吗?"巫师问。

这对夫妇表示同意。

"请你们数一数这句话的字数好吗?"巫师问。

他们数了一下,惊恐地意识到是 17 个字。

"因此,不能用少于 18 个字来描述的最小的数,用 17 个字就可以描述了。现在,*请你们向我解释一下怎么会这样的?*"巫师说。

· 3 ·

哦,不! 怎么会这样?

"所有这些悖论,"巫师说,"让我想起了一个非常令人愉快的故事,讲的是康托尔的一个聪明学生如何智胜了撒旦。你知道撒旦、康托尔与无限的故事吗?"

安娜贝尔和亚历山大都不知道这个故事。

"等你们下次来访时,我会告诉你们。"

解答

1. 此题的解答在题后已立即给出了。

2. 可以这样解释:真实的叙述这一概念本身并没有得到很好的定义。人们只能在一种精确表述的语言范围以内定义一个真实的叙述,而英语不是这样一种语言。这种情况类似于*真实性*的那种情况。正如逻辑学家塔尔斯基所表明的那样,对于那些足够强大的语言来说,其中某语言中各句子的真实性在该语言范围以内是不可定义的。例如,英语句子的真实性在英语中是不可定义的,因为如果能定义的话,你会得到下面这个自相矛盾的句子:"这个句子不是真的。"

3. 其解答实际上与上一题的解答相同。关于描述的概念没有得到很好的定义。

第25章

撒旦、康托尔与无限

下面是巫师讲述的故事。

"我在我们的一些受害者那里得到了很多乐趣,"撒旦一边对魔王说,一边高兴地搓着手,"每次我都会告诉一名受害者,我正在想着一个无限的物体集合中的一个物体,而且只想一个物体。每天都允许这名受害者猜测这个物体可能是什么。如果他猜到了,就能获得自由。这是这些测试的一般形式。在某些情况下,受害者足够聪明,能够设计出一个策略来赢得自由。但在其他情况下就不是这样了。好了,明天我应该会有一名新的受害者,我会安排好一切,让他永远得不到自由!"

"你会怎么做?"魔王问道。

"我写下了正整数集的一个子集。每天都允许该受害者说出一个集合,而且只能说出一个集合,如果他说出了我写下的那个集合,他就可以自由了。但他永远不会自由!"撒旦高兴地尖叫着说。

"为什么?"魔王问道。

"好吧,你只要看看我写了什么!"

> 所有满足以下条件的数 n 的集合:这些 n 不属于在第 n 天说出的那个集合。

"我不明白!"魔王说。

"我就知道你不会明白的,笨蛋!"撒旦说,"他在任何一天都不可能说出*我的*集合,因为对于每个正整数n,他在第n天说出的集合都与我的集合不同,因为这两个集合中的一个包含n这个数,而另一个不包含n这个数! 就这么简单!"

"听起来很有趣!"魔王说。

碰巧下一个受害者是康托尔的一个得意门生! 他不仅精通关于无限的数学,而且还是语义学和法学方面的专家。事实上,在受到康托尔的巨大影响而决定转而从事逻辑和数学之前,他曾计划进入法律界。

"在我签署任何合同之前,"学生对撒旦说,"我想确定我对这些条款绝对清楚。"

"我已经告诉过你了,"撒旦说,"我写下了正整数集的某个子集,就在这个信封里,上面盖着我的封印。每天你都可以说出一个集合,而且只能说出一个集合。如果你说出了这里写下的这个集合,你就自由了。就是这么简单!"

"这些我已经明白了,"学生回答说,"但是还有几个问题需要回答。首先,假设在某一天,我说出了你写下的同一个集合,但我对这个集合的*描述*与你的不同,毕竟任何集合都可以用许多不同的方式来描述。例如,假设你写了'唯一成员是2这个数的集合。',但某一天我说'所有偶素数的集合。'那么,这两个集合实际上是一样的,因为2是*唯一*的偶素数,然而我们的描述是不同的。那怎么办?"

"哦,那样的话算你赢,"撒旦回答,"我并不要求我们的*描述*是相同的,只要求它们描述的是同一个集合。"

"但这样一来会引发一个严重的问题!"那位学生说,"确定两个描述是否说的是同一个集合并不总是一件简单的事情。假设某一天,我说出了一个集合,而你回答说,'不,那不是我心里想的那个集合',但我有理由认为你的集合确实*就*是我所描述的那个集合,而你只是用不同的方式描述了它。

那怎么办呢?"

"那样的话,"撒旦说,"你可以挑战我。嗯,挑战是一件非常严肃的事情,你应该在提出挑战之前非常仔细地考虑清楚。它可能会立即为你赢得自由,也可能会让你永远被关在这里!"

"你说的'挑战'究竟是什么意思?"学生问道。

"你挑战我打开信封,向你展示我所写的。如果你能证明那两个描述——你的和我的——确实是同一个集合,你就赢得挑战,获得了自由。但如果我能证明这两个描述给出的是不同的集合,那么你就输掉了挑战,你在以后说出任何其他集合的权力也就被取消了。那样你就永远无法逃脱了。请记住,在一次挑战之后,就不允许你再说出任何其他集合了。"

"这足够清楚了,"那位学生说,"但现在再来说第二点。我怎么知道你真的在这个信封里写下了一个集合?"

"你怀疑我的话吗?"撒旦问道。

"哦,一点也不,我毫不怀疑你在这个信封里写下了一些东西,并且你认为这是对一个集合的真实描述,但在数学史上发生过这样的事:乍一看似乎是一个真实的描述,但后来却证明它根本没有描述任何集合——换言之,其实没有任何集合符合这样一个描述。逻辑学家们将这样的'描述'称为*伪描述*。它们看起来是描述了一个集合,但实际上并没有。现在假设在某个阶段,我有理由怀疑你在信封里写下的东西不是一个真实的描述,而只是一个伪描述。接下来怎么办呢?"

"如果哪一天你怀疑我只写下了一个伪描述,"撒旦回答说,"那么你就可以再次挑战我。我会打开信封,向你展示我写了什么。如果你能证明这只是一个伪描述,你就赢得了挑战,并获得了自由。但如果我能证明这确实是一个真实的描述,那么你就输掉了挑战,你在以后说出任何其他集合的权利就被取消了。我必须郑重地提醒你,*在一次挑战之后,就不允许你再说出任何其他集合了。*"

"这一点现在很清楚了,"学生说,"还有最后一件事:你愿意在合同中写下,如果你在任何时候违反这些条件中的任何一条,那么我就自由了吗?"

"是的,"撒旦回答说,"只要你愿意写下,如果你在任何时候违反了任何条件,那么你就永远留在这里。"

"同意!"那位学生说。

随后魔王起草了合同,且经双方正式签署生效。

"很好!"撒旦说,"你想什么时候开始?"

"择日不如撞日,"那位学生说,"就让今天成为测试的第一天吧。"

"很好,那么,请说出正整数集的一个子集!"

"所有 n 构成的集合,这些 n 不属于我在第 n 天说出的那个集合,"学生说,"现在我挑战你打开信封。"

"天哪!"撒旦喊道,"我从没想到过会这样!"

"打开信封!"学生要求道。

撒旦不得不打开了信封,当然他写的是同样的话。

"所以我自由了!"学生说。

"别急,年轻人!"撒旦说,"你并没有真正说出一个集合,你所做的正是你曾指责我可能会做的事情——你只给出了一个*伪描述*,而不是一个真实的描述!"

"为什么?"那位学生问道。

"因为你已经说出了一个集合的假设导致了一个逻辑上的矛盾:假设你已经说出了一个集合,那么这个集合就是你第一天说出的那个集合。现在,当且仅当 1 不属于第一天说出的那个集合时,1 这个数才属于这个集合,但是由于这个集合是第一天说出的集合,因此当且仅当 1 不属于这个集合时,1 才属于这个集合。这是一个明显的矛盾,而解决这个矛盾的唯一办法是你没有真正说出一个集合。"

"我很高兴你意识到了这一点,"那位学生说,"因为出于同样的原因,*你也没有说出一个集合来*。"

"现在,等一下!"撒旦说,"*我的*叙述的真实性是基于这样一个假设:你每天说出一个且只说出一个集合,而这正是你应该做的。到目前为止,你今天还没有说出一个集合,所以我现在命令你说出一个集合来。"

"哦,我今天不打算说出任何集合了。"

"什么?"撒旦叫道,不敢相信自己所听到的。

"合同中没有任何地方说我*必须*每天说出一个集合,而是说每天我都*可以*说出一个集合。好吧,碰巧今天我不愿意说出任何一个集合。"

"哦,真的吗!"撒旦尖叫道,"你今天拒绝说出一个集合,是吗? 好吧,我今天会*强迫*你说出一个集合,明天我会再次*强迫*你说出一个集合,然后是后天、大后天,等等,直到永远。你不知道我的手段有多可怕!"

"哦,你不能那样做,"那位学生说,"我已经向你提出了挑战,而在合同中非常明确地说了:在一次挑战之后,就不允许我再说出任何其他集合了。"

后记。当然,撒旦不得不释放了这个学生。这名学生立即升入天堂,拥抱他敬爱的大师康托尔。他们俩对整个事件暗自发笑。

"你知道,"康托尔说,"你本不必那么煞费苦心,你不必用一个伪描述来开始这一过程。你一开始就可以简单地说:'我向你提出挑战! 在挑战之后,就不允许你再说出任何集合了,这会自动使撒旦的'描述'成为一个纯粹的伪描述。"

"哦,我当时意识到了这一点,"那位学生说,"我只是想跟他逗逗乐。"

"你们知道,"巫师在讲完他的故事后对安娜贝尔和亚历山大说,"撒旦用康托尔著名的对角化方法证明了所有由那些数 n 构成的集合的幂集的大小(基数)高于 n。那位学生正确地猜出撒旦会试图使用这样一个康托尔式的诡计。有不少人问过我,'所有满足以下条件的数 n 的集合:这些 n 不属于在第 n 天说出的那个集合'这句话是不是一个真正的描述。我的答案是,当且仅当每天都说出一个且只说出一个集合时,它才是一个真实的描述。如果那位学生哪怕只有一天没有说出一个集合,那就足以使撒旦的描述失去意义。或者,如果那位学生在某一天说出多个集合,也会使撒旦的描述无效。但是,如果学生每天都说出一个且只说出一个集合,那么撒旦的描述就会定义十分明确。不过,关于这个描述的一件奇特的事情是,不会在任何有限的天数之后,我们可能*知道*撒旦是否写下了一个真实的描述,除非我们能够以某种方式得知那位学生每天只会说出一个集合。

"撒旦真是签了一份很糟糕的合同!只要他是*要求*而不只是*允许*学生每天说出一个且仅说出一个集合,只要他删除了关于那位学生在一次挑战之后就不允许再说出任何其他集合的内容,那他显然会赢。如果他这样做了,那么从逻辑上讲,那位学生确实永远不可能说出撒旦的集合。但只要合同成立,学生仅仅提出一次挑战就不能再说出任何其他集合了,这必然也就否定了撒旦的'描述'的真实性。

"这个故事的寓意是,"巫师说,"即使是堕落的天使也可能从一门好的数理逻辑课程中受益。"

◇

跋

　　说来也奇特,我经历了4种不同的生活——数学家、音乐家、魔术师、随笔和益智书的作者。我1919年出生在纽约州的法洛克威。小时候,我对音乐和科学同样感兴趣。高中时,我爱上了数学,在成为数学家或钢琴演奏家之间左右为难。我的第一份教职是在芝加哥的罗斯福学院,我在那里教钢琴。大约在那个时候,我不幸地患上了右臂肌腱炎,迫使我放弃了将钢琴演奏作为我的主要职业。因此,我把注意力转向了数学,大部分靠我自学,当时我几乎还没有接受过正规教育。然后我在芝加哥大学进修了几门高等课程,并在当时作为一名专业魔术师养活我自己!

　　奇怪的是,在我获得大学学位,甚至高中文凭之前,我就在达特茅斯学院获得了一个数学讲师的职位,原因是我写了一些关于数学逻辑的论文。在达特茅斯教书之后,芝加哥大学授予了我文学学士学位,部分是基于一些我从未学过但成功教授过的课程,诸如微积分等。随后,我在1959年前往普林斯顿大学攻读数学博士学位。后来,我先后在普林斯顿大学、纽约大学、贝尔福研究生院、雷曼学院和研究生中心任教,我的最后一个教职是印第安纳大学的杰出教授。我发表了40篇数理逻辑方面的研究论文,出版了

22本书。今年（2009年）我将再出版4本书。

　　尽管我的右臂有问题，但我仍然能够举办音乐会，而且在音乐方面仍然很活跃。我是钢琴协会的现任会员。我还在继续撰写益智书，但这些不仅仅是益智书——正是通过具有趣味性的逻辑谜题，我向普通读者介绍了数学和逻辑的那些深刻结果！

雷蒙德·M.斯穆里安